"十二五""十三五"国家重点图书出版规划项目

新能源发电并网技术丛书

张亮 陶以彬 霍群海 李建林 等 编著

现代电力电子技术在智能配电网中的应用

中国水利水电出版社
www.waterpub.com.cn

·北京·

内 容 提 要

本书为《新能源发电并网技术丛书》之一，结合工程案例介绍了电力电子技术在实现高比例可再生能源发电与并网，实现储能的功率高效转换，实现交直流电网的柔性互联等方面的应用。本书主要内容包括电力电子技术基础知识、智能配电网中的分布式光伏发电技术、智能配电网中储能技术的应用、智能配电网中的电动汽车直流充电技术、智能配电网中的电能质量控制与补偿技术、智能配电网中的直流配电技术等。

本书对从事智能配电网研究等方面工作的技术人员具有一定的参考价值，也可以作为电气工程或新能源专业本科生、研究生案例化教学的教材，以及从事电力相关行业人员的培训用书。

图书在版编目（CIP）数据

现代电力电子技术在智能配电网中的应用 / 张亮等编著. -- 北京：中国水利水电出版社，2018.12
（新能源发电并网技术丛书）
ISBN 978-7-5170-7271-3

Ⅰ．①现…　Ⅱ．①张…　Ⅲ．①电力电子技术－应用－智能控制－配电系统　Ⅳ．①TM727

中国版本图书馆CIP数据核字(2018)第298008号

书　　名	新能源发电并网技术丛书 **现代电力电子技术在智能配电网中的应用** XIANDAI DIANLI DIANZI JISHU ZAI ZHINENG PEIDIANWANG ZHONG DE YINGYONG	
作　　者	张亮　陶以彬　霍群海　李建林　等 编著	
出版发行	中国水利水电出版社 （北京市海淀区玉渊潭南路1号D座　100038） 网址：www.waterpub.com.cn E-mail：sales@waterpub.com.cn 电话：(010) 68367658（营销中心）	
经　　售	北京科水图书销售中心（零售） 电话：(010) 88383994、63202643、68545874 全国各地新华书店和相关出版物销售网点	
排　　版	中国水利水电出版社微机排版中心	
印　　刷	北京瑞斯通印务发展有限公司	
规　　格	184mm×260mm　16开本　13.5印张　301千字	
版　　次	2018年12月第1版　2018年12月第1次印刷	
定　　价	**52.00元**	

丛书编委会

主　任　丁　杰

副主任　朱凌志　吴福保

委　员（按姓氏拼音排序）

陈　宁　崔　方　赫卫国　秦筱迪

陶以彬　许晓慧　杨　波　叶季蕾

张军军　周　海　周邺飞

本 书 编 委 会

主　　编　张　亮

副 主 编　陶以彬　　霍群海　　李建林

参编人员　杨　婷　　水恒华　　杨　波　　袁宇波

　　　　　　李官军　　周　晨　　韦统振　　王金浩

　　　　　　陈国栋　　陈　刚　　沈培锋　　张子阳

　　　　　　路小俊　　袁晓冬　　陈　兵　　雷　达

　　　　　　王　鹏　　张建平　　景巍巍　　吴永杰

　　　　　　徐晓春　　吴晓飞　　孙　军　　周永荣

　　　　　　王　忠　　顾　阳　　李大兴　　余豪杰

　　　　　　姜风雷

序
XU

　　随着全球应对气候变化呼声的日益高涨以及能源短缺、能源供应安全形势的日趋严峻，风能、太阳能、生物质能、海洋能等新能源以其清洁、安全、可再生的特点，在各国能源战略中的地位不断提高。其中风能、太阳能相对而言成本较低、技术较成熟、可靠性较高，近年来发展迅猛，并开始在能源供应中发挥重要作用。我国于 2006 年颁布了《中华人民共和国可再生能源法》，政府部门通过特许权招标，制定风电、光伏分区上网电价，出台光伏电价补贴机制等一系列措施，逐步建立了支持新能源开发利用的补贴和政策体系。至此，我国风电进入快速发展阶段，连续 5 年实现增长率超 100%，并于 2012 年 6 月装机容量超过美国，成为世界第一风电大国。截至 2014 年年底，全国光伏发电装机容量达到 2805 万 kW，成为仅次于德国的世界光伏装机第二大国。

　　根据国家规划，我国风电装机容量 2020 年将达到 2 亿 kW。华北、东北、西北"三北"地区以及江苏、山东沿海地区的风电主要以大规模集中开发为主，装机规模约占全国风电开发规模的 70%，将建成 9 个千万千瓦级风电基地；中部地区则以分散式开发为主。光伏发电装机容量预计 2020 年将达到 1 亿 kW。与风电开发不同，我国光伏发电呈现"大规模开发，集中远距离输送"与"分散式开发，就地利用"并举的模式，太阳能资源丰富的西北、华北等地区适宜建设大型地面光伏电站，中东部发达地区则以分布式光伏为主，我国新能源在未来一段时间仍将保持快速发展的态势。

　　然而，在快速发展的同时，我国新能源也遇到了一系列亟待解决的问题，其中新能源的并网问题已经成为社会各界关注的焦点，如新能源并网接入问题、包含大规模新能源的系统安全稳定问题、新能源的消纳问题以及新能源分布式并网带来的配电网技术和管理问题等。

　　新能源并网技术已经得到了国家、地方、行业、企业以及全社会的广泛关注。自"十一五"以来，国家科技部在新能源并网技术方面设立了多个"973""863"以及科技支撑计划等重大科技项目，行业中诸多企业也在新能源并网技术方面开展了大量研究和实践，在新能源并网技术方面取得了丰硕的成果，有力地促进了新能源发电产业的发展。

中国电力科学研究院作为国家电网公司直属科研单位，在新能源并网等方面主持和参与了多项国家"973""863"以及科技支撑计划和国家电网公司科技项目，开展了大量与生产实践相关的针对性研究，主要涉及新能源并网的建模、仿真、分析、规划等基础理论和方法，新能源并网的实验、检测、评估、验证及装备研制等方面的技术研究和相关标准制定，风电、光伏发电功率预测及资源评估等气象技术研发应用，新能源并网的智能控制和调度运行技术研发应用，分布式电源、微电网以及储能的系统集成及运行控制技术研发应用等。这些研发所形成的科研成果与现场应用，在我国新能源发电产业高速发展中起到了重要的作用。

本次编著的《新能源发电并网技术丛书》内容包括电力系统储能应用技术、风力发电和光伏发电预测技术、光伏发电并网试验检测技术、微电网运行与控制、新能源发电建模与仿真技术、数值天气预报产品在新能源功率预测中的应用、光伏发电认证及实证技术、新能源调度技术与并网管理、分布式电源并网运行控制技术、电力电子技术在智能配电网中的应用等多个方面。该丛书是中国电力科学研究院等单位在新能源发电并网领域的探索、实践以及在大量现场应用基础上的总结，是我国首套从多个角度系统化阐述大规模及分布式新能源并网技术研究与实践的著作。希望该丛书的出版，能够吸引更多国内外专家、学者以及有志从事新能源行业的专业人士，进一步深化开展新能源并网技术的研究及应用，为促进我国新能源发电产业的技术进步发挥更大的作用！

中国科学院院士、中国电力科学研究院名誉院长：

前言
QIANYAN

　　能源是工业生产和社会发展的基础，电能作为一种可灵活方便使用的二次能源形式，一直被世界各国重点关注和研究，大规模开发和利用新能源、建设安全高效的智能电网已成为包括中国在内的诸多国家能源发展和电力变革的战略部署。配电网是智能电网的主体，是广大用户安全、可靠、经济用电的保障。以分布式光伏为代表的可再生能源高比例接入、以电动汽车为代表的新一代负荷出现、以电化学储能为代表的用户侧电力储能投产、以有源电力滤波器为代表的定制电力技术，以及直流配电系统的示范，使得配电网的电力电子化趋势也越来越显著，也对配电网智能运行和控制提出了更高的要求。

　　电力电子技术是利用电力电子器件对电能进行控制和转换的学科，是电力、电子、控制三大电气工程技术领域之间的交叉学科，是一门多学科相互渗透的综合性学科。近二十多年来，伴随着半导体材料和信息技术的巨大进步，电力电子技术得到空前发展和推广应用。利用先进的电力电子技术可以实现高比例可再生能源发电与并网，可以实现储能的功率高效转换，可以实现交直流电网的柔性互联，还可以提升配电网的电能质量、可靠性与运行效率等。因此，本书旨在简要概述电力电子基础知识的基础上，分别给出其在上述几个方面的典型应用介绍和案例分析。

　　全书共分6章，具体内容如下：

　　第1章，介绍了电力电子技术基础知识，包括电力电子器件概述和分类、两电平变换器及器件串并联技术、大容量多电平变换器和电力电子变换器的脉冲调制技术。其中：电力电子器件的介绍以目前应用最为广泛的MOSFET和IGBT为主，同时简单描述了以GaN器件为代表的新一代宽禁带器件的工作原理和特征；多电平变换器技术主要介绍了几个主流拓扑和工作原理，如二极管钳位型多电平变换器、H桥级联型多电平变换器以及模块化多电平变换器；PWM调制技术部分则重点介绍了正弦脉宽调制技术

（SPWM）、载波移相 SPWM 调制技术和空间矢量 PWM 调制技术。

第 2 章，介绍了智能配电网中的分布式光伏发电技术，主要包括太阳能电池技术、光伏发电并网系统的体系结构、分布式光伏发电的并网控制技术和三相光伏逆变器典型样机设计案例等。重点介绍了太阳能电池技术的分类与发展、光伏逆变器的拓扑结构，以及几种典型的光伏并网控制策略，如并网电流控制技术、最大功率跟踪技术、孤岛检测方法和低电压穿越技术等。

第 3 章，介绍了智能配电网中储能技术的应用，主要包括电池本体及管理技术、储能变流器拓扑及运行控制技术，以及储能技术在配电网中的应用和典型案例分析。重点介绍包括液流电池、飞轮电池在内的几种常见储能电池种类和管理系统组成，低压及高压储能 PCS 拓扑结构，典型运行控制策略，如并离网切换控制、多机协调控制、下垂控制等。介绍了储能参与削峰填谷、提高新能消纳等一些常见应用。最后，给出了一些具有代表性的工程案例。

第 4 章，介绍了智能配电网中的电动汽车直流充电技术，主要包括电动汽车直流充电桩系统构成、VIENNA 整流器的工作原理与控制策略、LLC 谐振变换器的运行机理和稳态特性、智能配电网中的 V2G 技术，以及电动汽车直流充电桩设计案例等。重点介绍了 VIENNA 整流器工作原理和控制系统设计、LLC 谐振变换器的典型工作模态和稳态特性分析，最后结合具体案例，针对某直流充电桩样机设计需求，介绍了样机电路拓扑选型、控制策略设计和实验等环节。

第 5 章，介绍了智能配电网中的电能质量控制与补偿技术，主要包括智能配电网中的典型电能质量问题、智能配电网中的电能质量补偿技术、智能配电网中的电能质量补偿新设备，以及多台 D-FACTS 在智能配电网中的综合应用等。重点介绍了电能质量定义、种类及危害，电能质量的检测方法和补偿控制，电能质量补偿新设备，如柔性多状态开关、电力电子变压器、统一电能质量控制器等。

第 6 章，介绍了智能配电网中的直流配电技术，主要包括直流配电技术概述、直流配电网的拓扑结构与运行控制、直流配电技术的控制与保护设计，以及柔性直流智能配电网的应用等。重点介绍了直流配电技术的国内外研究现状和主要问题，直流配电网的网架类型、接线方式、接地方式、电压等级，直流配电网潮流计算、系统控制及保护等。最后，在案例分析环节，简要描述了某知名直流配电示范工程的相关设计。

本书在编写过程中，参阅了本领域诸多前辈和一线专家的工作成果，借鉴和引用了大量已有文献及部分最新工程项目数据，在此对中国科学院电工研究所、中国电力科学研究院有限公司、国网江苏省电力有限公司、国网山西省电力公司、南瑞集团有限公司、上海电气集团股份有限公司、国网河南省电力公司、盾石磁能科技有限责任公司、国网冀北电力有限公司、国网福建省电力有限公司等单位及专家所给予的资料支持、框架结构建议、案例选材、内容修改以及校核等，表示衷心的感谢！另外，对曾在本人或编写团队所在课题组从事相关研究以及参加本书编写过程中资料整理、文字撰写、图表绘编以及内容提供的一些研究人员及学生，也表示最诚挚的谢意，他们分别是姜风雷、陆永灿、张丹、周阿毛、裴谦、余豪杰、勒涛、殷实、胡安平、郭心铭、粟梦涵、孙海洋、周彬、徐靖楠、沈兴来、安薇薇、花婷等。

本书的基本结构和主要内容是经编委会分章节多次研讨后确定，第 1 章由张亮主编，杨婷和水恒华参编完成；第 2 章由张亮主编，杨婷、水恒华、李官军、杨波、吴永杰、吴晓飞、李大兴、余豪杰等参编完成；第 3 章由陶以彬主编，李建林、周晨、张亮、张子阳、沈培锋、张建平等人参编完成；第 4 章由张亮主编，杨婷、水恒华、姜风雷、路小俊、袁晓冬、孙军、周永荣、顾阳等参编完成；第 5 章由霍群海主编，杨婷、张亮、陈兵、韦统振、王金浩、陈刚、陈国栋、王鹏、雷达、水恒华等人参编完成；第 6 章由霍群海主编，杨婷、张亮、袁宇波、景巍巍、徐晓春、王忠等人参编完成。全书由张亮统稿。

另外，本书的成稿，还要特别感谢一些科研项目所提供的各种支持：

（1）江苏省重点研发计划课题——交直流混合微电网分布式电源柔性互联设备研发（BE2017169）。

（2）国家电网江苏省电力有限公司科技项目（J2018076）、南瑞集团有限公司—智能电网保护和运行控制国家重点实验室开放课题资助。

（3）国家重点研发计划课题——10MW/40MWH 液流电池系统的成组设计集成与智能控制（2017YFB0903504）。

（4）中国科学院青年创新促进会（2017180）、江苏省第十二批六大人才高峰计划（2015－ZNDW－008）、江苏省第五批 333 高层次人才工程，以及南京工程学院校级教材建设项目。

作者从事本科和研究生教学多年来，一直希望组织编写一本内容深入浅出、工程案例丰富、能够满足电气工程领域工程技术人员或高年级学生不同专业方向需求的专业参考书籍或教材，以起到抛砖引玉作用。但是，因为学识和水平所限，本人在组织编写书稿期间常感到力不从心，故从2017年开始，经多次征询意见、研讨、修稿和变更调整，亦不敢轻易付梓，特别感谢煎熬过程中出版社的鼓励和耐心帮助，以及多个单位专家的建议和意见。恳请读者在阅读时，针对因作者学识、教龄和专业水平所限，以及时间上的紧迫，所造成的一些相关内容并未能在本书中得到深入阐述和全方位反映，给予谅解。此外，书中内容也难免有不当或者错误之处，也敬请有关专家和各位读者给予批评和指正。

作者

2018 年 9 月

目录
MULU

第1章　电力电子技术基础知识

电力电子器件的革新对电力电子技术的发展起着决定性作用，随着新材料和新器件的涌现，以及现代数字控制技术的广泛运用，电力电子技术得到空前的推广和应用。本章首先简述电力电子器件的发展历程和分类情况，并选取了几种典型电力电子器件，针对器件结构、基本原理、运行特性以及关键参数等进行介绍。与此同时，基于当前配电网中光伏发电、电力储能、电动汽车充电桩、D-FACTS 以及直流配电网等典型电力电子技术应用，从基础两电平变换器出发，进一步对器件串并联技术和常见多电平变换器等进行简要概述。最后，对实际应用中最为广泛的几种脉冲调制技术进行了简介。

1.1　电力电子器件概述和分类

在电气设备中，实现电能的变换或控制任务的功率电路被称为主电路，电力电子器件则是在功率主电路中，直接承担电能变换或控制的开关器件。

1.1.1　电力电子器件发展概述

电力电子器件正沿着大功率化、高频化、集成化的方向发展，一些主要电力电子器件的发展历程大致如下：

（1）1958 年，美国通用电气公司研制出第一个晶闸管并投产，标志着第一代电力电子器件开始稳步应用。

（2）20 世纪 70 年代后期，以门极可关断晶闸管（gate - turn - off thyristor，GTO）、电力晶体管（giant transistor，GTR）、电力场效应管（metallic oxide semiconductor field effect transistor，MOSFET）为代表的全控型电力电子器件得到发展和应用。

（3）20 世纪 80 年代后期，开始出现复合型器件：以绝缘栅极双极型晶体管（insulted gate bipolar transistor，IGBT）为典型代表，IGBT 是电力场效应管（MOSFET）和双极结型晶体管（bipolar junction transistor，BJT）的复合。它集

MOSFET 的驱动功率小、开关速度快和 BJT 通态压降小、载流能力大等优点于一身，成为现代电力电子技术的主流器件。在 10～100kHz 范围的大功率应用中占有十分重要地位。

（4）20 世纪 90 年代时，功率模块使功率器件的发展向大功率、高频化、高效率跨进，它常常把若干个电力电子器件及必要的辅助元件做成模块形式，主要有：

1）功率集成电路（power integrated circuit，PIC）。其把驱动、控制、保护电路和功率器件集成在一起。

2）智能功率模块（intelligent power module，IPM）。通常指 IGBT 及其辅助器件与其驱动和保护电路的单片集成。

3）高压集成电路（high voltage integrated circuit，HVIC）。一般指横向高压器件与控制电路的单片集成。

4）智能功率集成电路（smart power integrated circuit，SPIC）。一般指纵向功率器件与控制电路的单片集成。

（5）由于寄生二极管的制约，传统的硅基电力电子器件已经逼近了硅材料极限，为了适应电力电子工业的快速发展，满足其低功耗、小体积、耐高温以及高功率密度等需求，迫切需要发展新型半导体功率器件。目前主要有两大技术发展方向：①采用新型器件结构，如栅优化结构、超结（super junction，SJ）、载流子存储层（carrier storage layer，CSL）等；②采用新型半导体材料，如碳化硅 SiC 与氮化镓 GaN 等。

SiC 与 GaN 半导体器件具有耐压高、通态电阻小、漏电电流小、开关速度高、电流密度高以及耐高温等优点，因此被应用在高温、高频、高效率以及高功率密度的场合。SiC 与 GaN 器件均是较为理想的下一代电力电子器件，是当前电力电子器件领域发展的主流方向。本节将选取 GaN 器件为代表，对其基本结构与工作原理进行介绍。现代电力电子器件发展历程如图 1-1 所示。

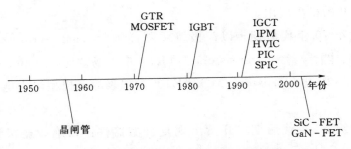

图 1-1　现代电力电子器件发展历程

1.1.2 电力电子器件的分类

1.1.2.1 按照是否可控分类

电力电子器件按照是否可控可分为不可控型、半控型以及全控型三种类型。

1. 不可控型器件

不可控型器件一般指两端器件，一端是阳极，另一端是阴极，类似电子电路中的二极管，具有单向导电性。其开关操作仅取决于其在主电路中施加在阳、阴极间的电压和流过它的电流，正向电压使其导通，负向电压使其关断，流过它的电流是单方向的。不可控器件不能用控制信号来控制电流的通断，因此不需要驱动电路，典型器件如功率二极管。

2. 半控型器件

半控型器件属于三端器件，除阳极和阴极外，还增加了一个控制门极。半控型器件也具有单向导电性，但开通不仅需要在其阳极、阴极之间施加正向电压，而且还必须在门极和阴极之间施加正向控制电压。其特征在于门极和阴极间的控制电压仅能控制其开通而不能控制其关断，器件的关断则是由其在主电路中承受的电压和电流决定的，此类器件主要是指晶闸管及其派生器件。

3. 全控型器件

全控型器件是带有控制端的三端器件，其控制端不仅可以控制其开通，还能控制其关断。此类器件很多，包括门极可关断晶闸管、功率晶体管、功率场效应晶体管、绝缘栅双极晶体管、新型宽禁带半导体电力电子器件等。

1.1.2.2 按照控制信号的性质分类

电力电子器件按照控制信号的性质可分为电流驱动型和电压驱动型两种类型。

1. 电流驱动型器件

驱动信号施加在器件控制端和公共端之间，通过从控制端注入或抽出电流来实现器件的导通或者关断的控制，此类电力电子器件统称为电流驱动型器件或电流控制型器件。

2. 电压驱动型器件

通过施加在控制端和公共端之间的电压信号来实现器件的导通或者关断的控制，此类电力电子器件统称为电压驱动型器件或电压控制型器件。

表 1-1 简要归纳了典型电力电子器件的分类及用途。

表 1 - 1　　　　　　　　　　　　　　电力电子器件分类及用途

器件名称	控制程度	控制信号	主要应用场合
二极管	不可控器件		整流、续流
功率晶体管	半控型器件	电流驱动	整流、逆变
晶闸管			
门极可关断晶闸管	全控型器件	电压驱动	大容量逆变
功率场效应晶体管			DC/DC 变换
绝缘栅双极型晶体管			DC/AC 逆变、DC/DC 变换、AC/DC 整流
集成门极换向晶闸管			大容量逆变
宽禁带半导体电力电子器件（SiC MOSFET、GaN HEMT）			开关电源

1.1.3　典型电力电子器件介绍

1.1.3.1　功率 MOSFET

1. 功率 MOSFET 的基本结构

功率 MOSFET 按导电沟道可分为 p 沟道和 n 沟道两种类型。按照栅极电压的幅值又可分为耗尽型和增强型。其中，耗尽型 MOSFET 的特点是当栅极电压为零时漏源极之间就存在导电沟道。增强型 MOSFET 的特点是对于 n（p）沟道器件，栅极电压大于（小于）零时才存在导电沟道。最常见的功率 MOSFET 以 n 沟道增强型为主。

功率 MOSFET 导通时只有一种极性的载流子（多子）参与导电，属于单极型晶体管，工作原理与小功率 MOS 管类似，但结构上有较大区别。小功率 MOS 管是横向导电器件，而功率 MOSFET 大都采用垂直导电结构，又称为 VMOSFET（vertical MOSFET），具有更高的耐压和耐电流能力。按垂直导电结构的差异，又分为利用 V 型槽实现垂直导电的 VVMOSFET 和具有垂直导电双扩散结构的 VD-MOSFET（vertical double - diffused MOSFET），以 VDMOS 器件为例进行讨论，其结构和电气图形符号如图 1 - 2 所示。功率 MOSFET 有三个电极，分别为栅极（G）、漏极（D）以及源极（S）。功率 MOSFET 属于电压控制型器件，它的开通和关断由栅极电压来控制。

2. 功率 MOSFET 的工作原理

功率 MOSFET 的工作原理如下：

（1）截止。当漏源极间加正电源，栅源极间电压为零时，p 基区与 n 漂移区之间形成的 pn 结 J_1 反偏，漏源极之间无电流流过，此时 MOSFET 处于截止状态。

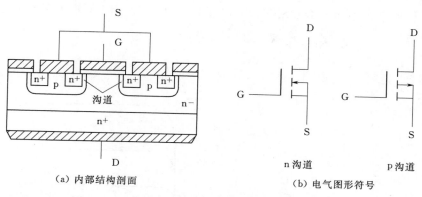

（a）内部结构剖面 　　　　　　　（b）电气图形符号

图 1-2　功率 MOSFET 的结构和电气图形符号

（2）导通。在栅源极间加正电压 U_{GS}，由于栅极是绝缘的，因此不会有栅极电流流过。但栅极的正电压会将其下面 p 区中的空穴推开，并将 p 区中的少子—电子吸引到栅极下面的 p 区表面；当 $U_{GS} > U_{TH}$（开启电压或阈值电压）时，栅极下 p 区表面的电子浓度将超过空穴浓度，使 p 型半导体反型成 n 型，成为反型层，该反型层形成 n 沟道从而使 pn 结 J_1 消失，漏极和源极导电，漏源电流 I_{DS} 出现，此时 MOSFET 导通。

3. 功率 MOSFET 的基本特性

（1）静态特性。MOSFET 的静态特性主要包括输出特性和转移特性。其中，当漏源电压 U_{DS} 的大小不变时，将漏极电流 I_{DS} 和栅源间电压 U_{GS} 的关系称为 MOSFET 的转移特性。当 $U_{GS} < U_{TH}$ 时，栅极电压不足以在半导体表面形成沟道；当 $U_{GS} > U_{TH}$ 时，栅极电压就能够在下面半导体的表面形成导电沟道，从而 I_{DS} 从零开始慢慢增大。当 I_{DS} 较大时，I_{DS} 与 U_{GS} 的关系近似线性，将曲线的斜率定义为跨导 G_{fs}，其计算公式为

$$G_{fs} = \frac{\Delta I_{DS}}{\Delta U_{GS}} \tag{1-1}$$

跨导是体现功率 MOSFET 放大能力的参数，单位一般取 mS 或 μS。

MOSFET 的漏极伏安特性即为输出特性，以栅源电压 U_{GS} 为参变量，反映的是漏源电压 U_{DS} 和漏源电流 I_{DS} 之间的关系。如图 1-3（b）所示，输出特性可分为截止区、饱和区以及非饱和区。其中，在截止区，由于 $U_{GS} < U_{TH}$，导电沟道还没有形成，此时 I_{DS} 近似为零，MOSFET 处于截止状态。在非饱和区，栅源电压 U_{GS} 不变的情况下，漏源电流 I_{DS} 与漏源电压 U_{DS} 几乎呈线性关系。在这个区域内，由于 $U_{GS} > U_{TH}$，栅极下面形成了导电沟道。当满足 $U_{DS} > 0$ 时，就会出现漏极电流 I_{DS}。在饱和区内，漏源电流 I_{DS} 不会随着漏源电压 U_{DS} 的增大而增大，亦即漏源电流 I_{DS}

会出现饱和现象。当功率 MOSFET 工作在开关状态时，即在截止区和非饱和区之间来回转换。

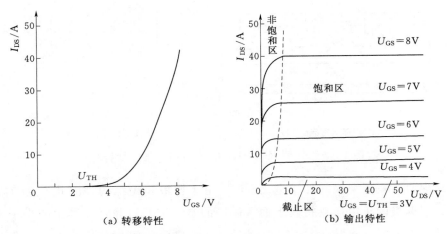

（a）转移特性　　　　　　（b）输出特性

图 1-3　功率 MOSFET 的转移特性和输出特性

（2）动态特性。MOSFET 的开关过程反映了其动态特性，图 1-4 给出了 MOSFET 的开关等效模型。MOSFET 开关特性取决于三个极间电容的电压变化速度，通常漏源极电容 C_{DS}、栅漏极电容 C_{GD} 与栅源极电容 C_{GS} 都能从器件的数据手册中查阅到。许多器件手册更多时候会给出下面三种电容参数：漏源极短路时的输入电容 C_{iss}、共源极输出电容 C_{oss} 以及反向转移电容 C_{rss}，其计算公式为

$$\begin{cases} C_{iss} = C_{GS} + C_{GD} \\ C_{rss} = C_{GD} \\ C_{oss} = C_{DS} + C_{GD} \end{cases} \qquad (1-2)$$

漏源极电容 C_{DS} 与栅漏极电容 C_{GD} 均是非线性压敏电容，电容值随着施加在漏源极和器件栅源极的电压变化而变化。另外，分别定义源极引线电感 L_S 和漏极引线电感 L_D。图 1-4 为考虑到极间电容、寄生电感以及反并联二极管后的功率 MOSFET 开关等效模型，在分析 MOSFET 的开关特性时，将主要参照该模型。

MOSFET 的导通与关断（截止）过程主要受栅极驱动电压 U_{GS} 的控制，根据栅极驱动电压 U_{GS}、栅极电流 I_{GS}、漏源电压 U_{DS} 以及漏极电流 I_{DS} 的变化趋势，可以分析出功率 MOSFET 的导通与关断过程。

（1）开通过程。功率 MOSFET 的开通过程电流路径如图 1-5 所示，图中虚线为驱动电流 I_G 与漏极电流 I_D 的路径，R_G 为驱动电阻，R_S 为驱动芯片内阻。

阶段Ⅰ：功率 MOSFET 的开通过程示意如图 1-6 所示。阶段Ⅰ对应图 1-6 所示的 $t_0 \sim t_1$ 区间。在功率 MOSFET 的栅极施加驱动电压 U_{DRV}，驱动电压从 0V 开

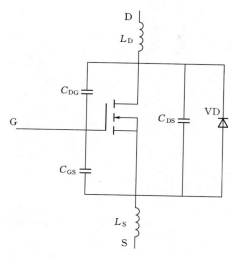

图 1-4 功率 MOSFET 的开关等效模型

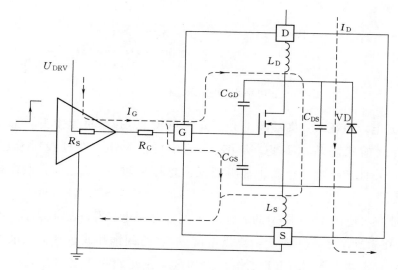

图 1-5 功率 MOSFTE 的开通过程电流路径

始增加至门槛电压 U_{TH}。在此过程中，栅极绝大部分的电流都是向 C_{GS} 充电，仅有极小部分电流流入电容 C_{GD}。当电容 C_{GS} 的电压增大到门槛电压 U_{TH} 时，电容 C_{GD} 的电压略微减小。当栅极电压增加到门槛电压 U_{TH} 时，功率 MOSFET 将处于一种微导通状态。在此期间，器件的漏极电压和电流都没有改变，因此被称为开通延时阶段。

  阶段 II：对应图 1-6 所示的 $t_1 \sim t_2$ 区间。该阶段栅极电压 U_{GS} 将从开启电压 U_{TH} 上升至米勒平台电压。此时 MOSFET 工作在非饱和区，漏极电流 I_{DS} 与栅极电压 U_{GS} 近似成比例关系。栅极电流 I_{GS} 流通路径与开通延时阶段相同，同时向电容

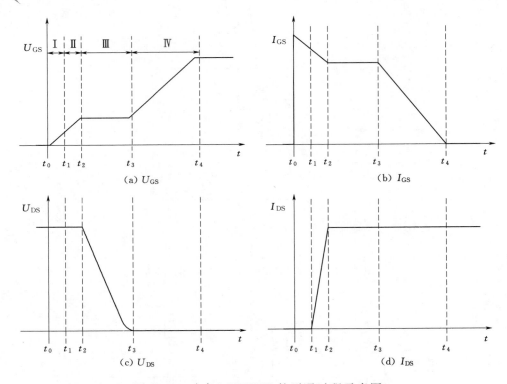

图 1-6　功率 MOSFET 的开通过程示意图

C_{GS} 和 C_{GD} 充电，电压 U_{GS} 将不断上升。漏极电流 I_{DS} 开始迅速上升，漏源电压 U_{DS} 依然保持在之前状态基本不变。从图 1-6 中可以看出，在栅极所有电流都流入 MOSFET，并且二极管完全截止来阻断反向电压通过 pn 结之前，漏源电压 U_{DS} 将一直保持不变。

　　阶段Ⅲ：对应图 1-6 所示的 $t_2 \sim t_3$ 区间。漏源电压 U_{DS} 逐渐减小，而栅源电压 U_{GS} 则维持在米勒平台电压不变，漏极电流 I_{DS} 将达到饱和或达到负载最大电流并维持恒定。此时，功率 MOSFET 工作在饱和区，在此期间驱动电流几乎没有流过电容 C_{GS}，栅极驱动电流全部用来给电容 C_{GD} 放电，因此 U_{DS} 快速下降。

　　阶段Ⅳ：对应图 1-6 所示的 $t_3 \sim t_4$ 区间。栅极电流 I_{GS} 继续对电容 C_{GS} 和 C_{GD} 充电，栅极电压 U_{GS} 进入线性上升阶段，将从米勒平台电压增大到最大值，亦即增加到额定驱动电压，此时功率 MOSFET 的导通沟道进一步增强。漏极电压 U_{DS} 下降至最小值并基本稳定不变，且 $U_{DS} = I_{DS} R_{DS}$，其中 R_{DS} 为功率 MOSFET 的导通电阻。米勒平台的结束以及栅极电压 U_{GS} 第二次线性上升的开始，表明功率 MOSFET 此时已经处于完全开通状态。

　　（2）关断过程。功率 MOSFET 的关断过程电流路径示意如图 1-7 所示，与图 1-6 相比，可明显看到关断过程栅极电流 I_{GS} 的反向。

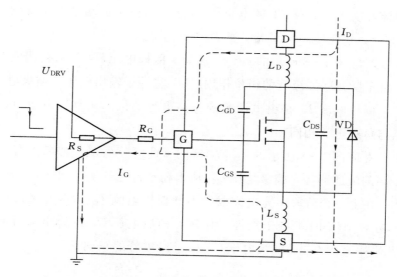

图 1-7   功率 MOSFET 的关断过程电流路径示意图

类似开通过程的分析方法，将功率 MOSFET 的关断过程也分为四个阶段，如图 1-8 所示。

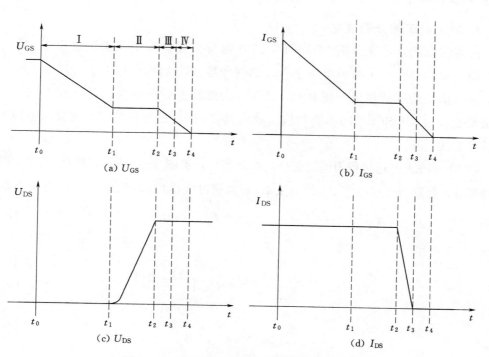

图 1-8   功率 MOSFET 关断过程示意图

阶段 I：对应图 1-8 所示的 $t_0 \sim t_1$ 区间。该阶段为关断延时阶段，输入电容 C_{iss} 将从初始电压放电到米勒平台电压。在此过程中，栅极电流 I_G 由输入电容 C_{iss}

提供，同时流经功率 MOSFET 的电容 C_{GS} 和 C_{GD}。由于驱动电压在减小，漏极电压 U_{DS} 会略微上升。在此期间，漏极电流 I_{DS} 基本不变。

阶段 Ⅱ：对应图 1-8 所示的 $t_1 \sim t_2$ 区间。漏极电压 U_{DS} 将从初始值上升到最终值 $U_{DS(off)}$。由于反并联二极管的钳位作用，U_{DS} 将等于输出电压。栅极电压 U_{GS} 处于米勒平台区，栅极电流 I_{GS} 是由电源极的旁路电容提供，从漏极电流流出。总的漏极电流依然与负载电流相同。

阶段 Ⅲ：对应图 1-8 所示的 $t_2 \sim t_3$ 区间。此时反并联二极管开始导通，负载电流有了不同的流通路径，栅极电压 U_{GS} 从米勒平台电压下降到开启门槛电压 U_{TH}。由于电容 C_{GD} 在上一个阶段中充电完成，因此栅极电流 I_G 基本上来自于电容 C_{GS}。在此阶段，功率 MOSFET 处于线性工作区，栅极电压 U_{GS} 的降低会导致漏极电流 I_{DS} 减小，几乎一直到 0。而漏极电压 U_{DS} 由于二极管的正向偏置作用，将仍然保持在 $U_{DS(off)}$。

阶段 Ⅳ：对应图 1-8 所示的 $t_3 \sim t_4$ 区间。输入电容 C_{iss} 将完全放电，栅源电压 U_{GS} 进一步减小至零。绝大部分的栅极电流 I_G 还是由电容 C_{GS} 提供，而漏极电压 U_{DS} 基本保持不变，I_{DS} 下降至 0，关断过程结束。

4. MOSFET 的米勒效应

值得注意的是，在分析 MOSFET 的开通与关断过程中，栅极电压 U_{GS} 在开通与关断过程均存在一个米勒电压平台，其现象表现为栅极电压 U_{GS} 上升或下降到某一个电压值后会维持稳定一段时间，之后才会继续上升或降至最低。此处的平台电压现象被称为 MOSFET 的米勒效应（或密勒效应），它与器件内部的极间电容充放电过程有关。

以 MOSFET 开通过程为例简要分析米勒效应：如图 1-5 所示，栅极电流 I_G 可分为两部分，分别为流过电容 C_{GD} 的电流 I_{GD} 以及流过电容 C_{GS} 的电流 I_{GS}，满足的关系为

$$I_G = I_{GD} + I_{GS} \qquad (1-3)$$

由图 1-5 可得到

$$I_{GD} = C_{GD} \frac{\mathrm{d}(U_{GS} - U_{DS})}{\mathrm{d}t} = C_{GD} \left(\frac{\mathrm{d}U_{GS} - \mathrm{d}U_{DS}}{\mathrm{d}t} \right) \qquad (1-4)$$

$$I_{GS} = C_{GS} \frac{\mathrm{d}U_{GS}}{\mathrm{d}t} \qquad (1-5)$$

当栅源极间施加电压 U_{GS}，那么漏源极电压 U_{DS} 将会减小，且通常为非线性减小。因此，可将栅源电压 U_{GS} 和漏源电压 U_{DS} 之间的负增益关系定义为负反馈系数 A_u，满足

$$A_u = -\frac{dU_{DS}}{dU_{GS}} \tag{1-6}$$

将式（1-4）进行变形，并代入式（1-6）可得

$$I_{GD} = C_{GD}\left(1 - \frac{dU_{DS}}{dU_{GS}}\right)\frac{dU_{GS}}{dt} = C_{GD}(1 + A_u)\frac{dU_{GS}}{dt} \tag{1-7}$$

将式（1-7）代入式（1-3）中可得

$$I_G = I_{GD} + I_{GS} = \left[C_{GD}(1 + A_u) + C_{GS}\right]\frac{dU_{GS}}{dt} \tag{1-8}$$

由式（1-8）可知，C_{GD} 被放大了（$1+A_u$）倍，这就是米勒电容效应的直观表达式，寄生电容 C_{GD} 即是米勒电容。通过上述分析可以得出，米勒效应实质上描述了电子器件中输出和输入之间的电容反馈效应。

MOSFET 米勒效应对器件的性能影响很大，主要表现在以下方面：

（1）米勒效应将可能延长功率 MOSFET 的开通或者关断时间，从而增加了器件的导通损耗。

（2）米勒效应可能引起功率 MOSFET 在关断过程中出现二次导通现象。例如在功率 MOSFET 所构成的桥式电路中，该现象会导致上下管发生直通的可能，使得桥臂短路而损坏主电路。

5. 功率 MOSFET 的关键参数

前文已经陆续介绍了 MOSFET 的一些参数，有从结构角度出发的极间电容参数，也有一些在开通关断过程中的电流电压参数。根据不同场合下 MOSFET 的应用需求，表 1-2 梳理了功率 MOSFET 的一些关键参数定义，以供参考。

表 1-2　　　　　　　　　功率 MOSFET 的一些关键参数定义

术　语	符号	定　义　与　说　明
栅源极电容	C_{GS}	由多晶硅栅与源和沟道区重叠而产生的电容，与外加电压无关
栅漏极电容	C_{GD}	米勒电容
漏源极电容	C_{DS}	与漏源极偏压的平方根成反比
输入电容	C_{iss}	等于 C_{DS} 短路时的 $C_{GS} + C_{GD}$
反向传输电容	C_{rss}	等于 C_{GD}
输出电容	C_{oss}	等于 $C_{DS} + C_{GD}$
跨导	G_{fs}	用于反映漏极电压对栅源极偏压变的灵敏度
通态电阻	$R_{DS(on)}$	指在特定的栅源电压 U_{GS}、结温以及漏极电流的情况下，MOSFET 在完全开通状态下漏源间的最大阻抗

术　语	符号	定义与说明
开启电压	U_{TH}	当栅极驱动电压 U_{GS} 达到 U_{TH} 时，漏区和源区表面的反型层开始形成连接沟道
最大漏源极电压	U_{DSS}	漏源未发生雪崩击穿前允许施加的最大电压
额定漏极电压	U_{GS}	在栅源两极间允许施加的最大电压
连续漏电流	I_D	器件处于最大额定结温下，漏极允许的最大连续直流电流值
最大工作结温	T_j	器件能正常工作的最大结温
开通延迟时间	$t_{d(on)}$	驱动电压上升沿开始，到 $U_{GS}=U_{TH}$ 且 i_{DS} 从零开始增长的时间段
上升时间	t_r	U_{GS} 从 U_{TH} 上升到 MOSFET 进入非饱和区的栅压 U_{GSP} 的时间段
开通时间	t_{on}	开通延迟时间与上升时间之和
关断延迟时间	$t_{d(off)}$	驱动电压下降沿开始，U_{GS} 按指数曲线下降到 U_{GSP} 且 i_{DS} 开始减小的时间段
下降时间	t_f	从 U_{GS} 由 U_{GSP} 继续下降起，U_{GS} 一直下降到 $U_{GS}<U_{TH}$ 时沟道消失，i_{DS} 逐渐减小到零为止的时间段
关断时间	t_{off}	关断延迟时间和下降时间之和

6. 功率 MOSFET 的器件封装

功率 MOSFET 除少数应用于音频功率放大区，工作在线性范围，大多数用作开关和驱动器，工作在开关状态，耐压从几十伏到上千伏，工作电流范围也从几安培到几十安培不等，近年来被广泛应用于电源、计算机和外设、消费类电子产品、通信装置、汽车电子以及工业控制领域等。图 1 - 9 列举了两种常见的 MOSFET 器件封装外形示意供参考。其中，图 1 - 9（a）为低压器件的表贴式封装形式，图 1 - 9（b）为中压器件的插入式封装形式。

（a）表贴式　　　　　　（b）插入式
图 1 - 9　常见 MOSFET 器件封装外形示意

1.1.3.2 IGBT 及其功率模块

IGBT 既有 MOSFET 器件驱动功率小和开关速度快的特点（控制和响应），又有双极型器件饱和压降低而容量大的特点（功率级较为耐用），频率特性介于 MOSFET 与 GTR 之间，可正常工作于几万赫兹频率范围内。IGBT 与 BJT、MOSFET 的特性比较见表 1-3。基于这些优异的特性，自 1985 年 IGBT 进入实际应用以来，已经成为中压大功率场合的主流功率器件。目前，IGBT 已经涵盖了 600V～6.5kV 的电压范围，单管电流范围从几十安培到上千安培不等，广泛应用于变频器、开关电源、照明电路、牵引传动等领域。

表 1-3 **IGBT 与 BJT、MOSFET 的特性比较**

器件名称	BJT	MOSFET	IGBT
驱动方式	电流	电压	电压
驱动电路结构	复杂	简单	简单
驱动功率	高	低	低
开关速度	慢（微秒级）	快（纳秒级）	较快
开关频率	低（<100kHz）	高（<1MHz）	较高
安全工作范围	窄	宽	宽
饱和压降	低	高	高

1. IGBT 的基本结构

IGBT 本质上是一个场效应晶体管，在结构上与 MOSFET 相似，只是在功率 MOSFET 的漏极上追加 p^+ 层。图 1-10 所示为一个 n 沟道增强型 IGBT 结构剖面示意图。其中，n^+ 区称为源区，附于其上的电极称为发射极，等效于 MOSFET 中的源极。器件的控制区为门区，附于其上的电极称为门极。n^- 层为漂移区，n^+ 层为缓冲区（n^+ 缓冲层在 IGBT 中并不是必须的）。在 n 沟道功率 MOSFET 的 n^+ 层上增加了一个 p^+ 层为注入层，形成 pn 结 J_1，并由此引出集电极。注入层是 IGBT 特有的功能区，可向漂移区注入空穴（少数载流子），对漂移区进行电导调制，使 IGBT 在开通状态下，漂移区保持较高的载流子浓度，以降低器件的通态电压。

图 1-11（a）所示为 IGBT 理想等效电路，以 n 沟道增强型 IGBT 为例，从中可以看出，n 沟道增强型 IGBT 是由一个 n 沟道的 MOSFET 和一个 pnp 型 GTR 组成，它实际是以 GTR 为主导元件，以 MOSFET 为驱动元件的复合管。IGBT 的图形符号如图 1-11（b）所示，其中箭头符号表示 n 沟道 IGBT 开通时流过电流方向。相应地，p 沟道 IGBT 箭头方向与 n 沟道相反。

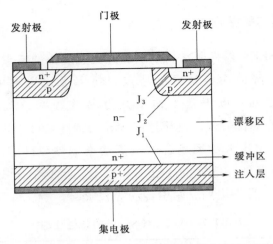

图 1-10　n 沟道增强型 IGBT 结构剖面示意图

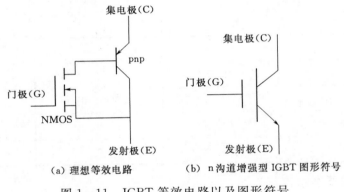

（a）理想等效电路　　　　（b）n 沟道增强型 IGBT 图形符号

图 1-11　IGBT 等效电路以及图形符号

2. IGBT 的工作原理

类似 MOSFET，IGBT 可以通过控制门极与发射极之间的驱动电压来实现器件的导通和阻断。

（1）IGBT 的阻断原理。IGBT 的正向阻断原理与 MOSFET 相似。当门极电压 U_{GE} 低于门槛电压 U_{TH} 时，在 IGBT 门极下方的 p 体区内，没有形成 n 型导电沟道，器件处于阻断状态。集电极—发射极之间的正向电压使 pn 结 J_2 反向偏置，集电极—发射极之间的电压几乎全部由 pn 结 J_2 承受，此时只有非常小的漏电电流通过漂移区由集电极流向发射极。

（2）IGBT 的导通原理。当加在 IGBT 上的门极电压 U_{GE} 高于门槛电压 U_{TH} 时，同 MOSFET 一样，在 IGBT 门极下方的 p 体区将形成一个导电沟道，将 n^- 漂移区与 IGBT 的发射极下方的 n^+ 区连起来，IGBT 导通时的电流通路如图 1-12 所示。大量的电子通过导电沟道从发射极注入 n^- 漂移区，成为内部 pnp 型晶体管的基极电流，由于 J_1 结正偏，导致大量的空穴由 p^+ 区注入 n^- 区。注入 n^- 区的空穴通过漂移和扩散两种方式流过漂移区，最后到达 p 体区。当空穴进入 p 体区以后，吸引了大量来自发射极接触的金属电子，这些电子注入 p 体区，并迅速地与空穴复合，形成器件的导通电流，此时 IGBT 即处于导通状态。

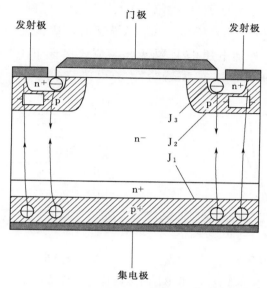

图 1-12　IGBT 导通时的电流通路

IGBT 导通压降为

$$U_{CE(on)} = U_{J1} + U_{Drift} + I_C R_{Channel} \qquad (1-9)$$

式中　U_{J_1}——pn 结 J_1 的导通压降；

　　　U_{Drift}——漂移区电阻上的压降；

　　　$R_{Channel}$——p 体区的等效导通电阻；

　　　I_C——集电极电流。

因为在 IGBT 中存在电导调制作用，使得 U_{Drift} 远小于相同工况下功率 MOSFET 的导通压降，这样整个 IGBT 的导通压降将会比 MOSFET 导通压降要小。

3. IGBT 的特性与参数

（1）IGBT 的转移特性。图 1-13（a）为 IGBT 转移特性示意图。转移特性表示的是 IGBT 集电极电流 I_C 和门极驱动电压 U_{GE} 之间的关系，IGBT 的转移特性与 MOSFET 的转移特性类似。当门极驱动电压小于门槛电压 $U_{GE(th)}$ 时，IGBT 处于关断状态。在 IGBT 导通后的大部分集电极电流范围内，当门极驱动电压高于门槛电压 $U_{GE(th)}$ 时，IGBT 的集电极电流随着门极驱动电压的增加而增加。最高门极驱动电压受最大漏极电流限制，其最佳值一般取为 15V 左右。

（2）IGBT 的静态特性。IGBT 的静态特性是指以门极驱动电压 U_{GE} 为参变量，IGBT 通态电流与集电极—发射极电压 U_{CE} 之间的关系曲线。在一定的集电极—发射极电压 U_{CE} 下，集电极电流受门极驱动电压 U_{GE} 的控制，U_{GE} 越高，I_C 越大。IGBT 的伏安特性通常分为饱和区、线性放大区、正向阻断区和正向击穿区四个部分，静态特性如图 1-13（b）所示。IGBT 导通时，应该使 IGBT 工作于饱和区；IGBT 在关断状态下，外加电压由 J_2 结承担，应该保证 IGBT 处于正向阻断区内，此时最大集电极—发射极电压不应该超过击穿电压 U_{FM}。

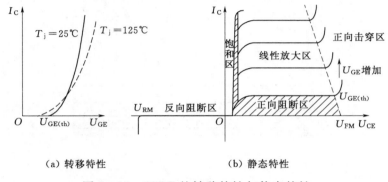

（a）转移特性　　　　　（b）静态特性

图 1-13　IGBT 的转移特性与静态特性

（3）IGBT 的动态特性。IGBT 的开关过程主要是由门极电压 U_{GE} 控制的，由于门极和发射极之间存在着寄生电容 C_{GE}，因此 IGBT 的开通与关断就相当于对 C_{GE} 进行充电与放电。假设 IGBT 初始状态为关断状态，即 U_{GE} 为负压，后级输出为阻感性负载，带有续流二极管。由于寄生参数以及负载特性的影响，IGBT 的实际开通与关断过程比较复杂，如图 1-14 为 IGBT 开通关断过程简化后的理想波形。其中开通时间可以分为开通延迟时间 $t_{d(on)}$ 与上升时间 t_r 两个部分。当在门极和发射极之间施加一个阶跃式的正向驱动电压，便对 C_{GE} 开始充电。此时 U_{GE} 开始上升，上升过程的时间常数由 C_{GE} 与门极驱动网络电阻共同决定。当 U_{GE} 上升至门槛电压 $U_{GE(th)}$ 后，集电极电流 I_C 开始上升。开通延迟时间 $t_{d(on)}$ 被定义为自 U_{GE} 上升至 $U_{GE(th)}$ 开始，到 I_C 上升至负载电流 I_L 的 10% 为止的时间。此后，电流 I_C 持续上升，到 I_C 上升至 I_L 的 90% 时，这段时间称为上升时间 t_r。将开通延迟时间 $t_{d(on)}$ 与上升时间 t_r 之和定义为开通时间 t_{on}。在整个开通时间 t_{on} 内，虽然 I_C 逐渐上升，但集电极—发射极电压 U_{CE} 并未降至 0，因此 IGBT 主要的开通损耗产生于这一时间段内。

IGBT 导通后，主要工作在饱和区域。此时集电极电流 I_C 会继续上升，并产生一个开通电流的峰值。这个峰值是由阻感性负载及续流二极管共同产生时，峰值电

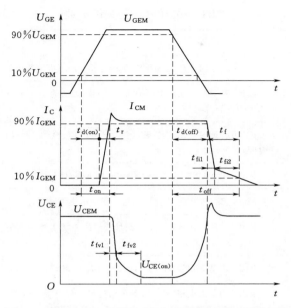

图 1-14 IGBT 开通关断过程简化后的理想波形

流过大可能会损坏 IGBT。之后 I_C 会逐步限制至负载电流水平。与此同时，集—发射极电压 U_{CE} 也下降至饱和压降水平，IGBT 进入相对稳定的导通阶段。这个阶段中的主要参数是外部负载确定的通态电流 I_L，以及较低的饱和压降 $U_{CE(sat)}$。可以看出，工作在饱和区域的 IGBT 损耗并不大。

同开通时间 t_{on} 类似，IGBT 的关断时间 t_{off} 也可以分为：关断延迟时间 $t_{d(off)}$ 与下降时间 t_f 两段。当门极和发射极之间的正向电压被突然撤销并同时施加负压后，U_{CE} 便开始下降。下降过程的时间常数仍然由输入电容 C_{GE} 和门极驱动回路的电阻共同决定。同时，U_{CE} 开始上升。但只要 $U_{CE}<U_{CC}$，则续流二极管处于截止状态且不能接续电流。IGBT 的集电极电流 I_C 在此期间并没有明显的下降。因此，从 U_{CE} 降落到其开通值的 90% 开始，直到电流 I_C 下降至 I_L 的 90% 为止，这段时间被定义为关断延迟时间 $t_{d(off)}$。

当集电极—发射极电压 U_{CE} 超过工作电压 U_{CC}，续流二极管便处于正向偏置状态，I_L 将换流至续流二极管，集电极电流也因此下降。从集电极电流 I_C 由 I_L 的 90% 下降至 10% 之间的时间称为下降时间 t_f。从图 1-14 中可以看出，在 I_C 下降的同时，U_{CE} 会产生一个大大超过工作电压 U_{CC} 的峰值，这主要是由负载电感引起的，其幅度与 IGBT 的关断速度呈线性关系，该峰值电压过高可能会造成 IGBT 的损坏。关断延迟时间 $t_{d(off)}$ 与下降时间 t_f 之和称为关断时间 t_{off}。

综合 IGBT 的开通关断分析过程，表 1-4 梳理了 IGBT 开关过程的一些关键参数。

表 1 - 4　　　　　　　　　　　　　**IGBT 开关过程一些关键参数**

术　语	符号	定 义 与 说 明
开通时间	t_{on}	IGBT 开通时，从 U_{GE} 上升到 0V 后，U_{CE} 下降到最大值 10% 为止的时间
开通延时时间	$t_{d(on)}$	IGBT 开通时，从集电极电流上升到最大值的 10% 时开始，到 U_{CE} 下降到最大值 10% 为止的时间
上升时间	t_r	IGBT 开通时，从集电极电流上升到最大值的 10% 时开始，到达 90% 为止的时间
U_{CE} 下降过程 1	t_{fv1}	IGBT 中 MOSFET 单独工作的电压下降过程
U_{CE} 下降过程 2	t_{fv2}	MOSFET 和 PNP 晶体管同时工作的电压下降过程
关断延迟时间	t_{off}	IGBT 关断时，从 U_{CE} 下降到最大值的 90% 开始，到集电极电流在下降电流的切线上下降到 10% 为止的时间
I_C 下降过程 1	t_{fi1}	IGBT 内部 MOSFET 的关断过程，I_C 下降较快
I_C 下降过程 2	t_{fi2}	IGBT 内部的 PNP 晶体管的关断过程，I_C 下降较慢
下降时间	t_f	IGBT 关断时，集电极电流从最大值的 90% 开始，在下降电流的切线上下降到 10% 的时间
拖尾时间	t_t	到内置二极管中的反向恢复电流消失为止所需要的时间
拖尾电流	I_t	到内置二极管中正方向电流断路时反方向流动的电流峰值

4. IGBT 的擎住效应

在 IGBT 中，内部的 pnp 型双极型晶体管和寄生 npn 型双极型晶体管构成了一个晶闸管，IGBT 内部结构与实际等效如图 1-15 所示，存在晶闸管导通时的擎住效应。IGBT 的擎住效应可以分为静态擎住效应和动态擎住效应。静态擎住效应发生于导通状态的 IGBT 中。在 IGBT 内部存在 pnp 型晶体管和 npn 型晶体管两个晶体管，在 npn 型晶体管的基极和发射极之间并联一个等效体区电阻 R_{br}。当 IGBT 导通时，电流流过该体区电阻 R_{br}，并产生一定的压降，对于 npn 型晶体管的基极来说，相当于加了一个正向偏置电压。在规定的集电极电流范围内，这个正向偏置电压不够大，因此 npn 型晶体管不会导通。但是，当集电极电流增加到一定值时，这个正向偏置电压将使 npn 型晶体管导通，并且与 pnp 型晶体管相互激励，在这两个晶体管内部形成类似于晶闸管导通时的电流正反馈现象，使得集电极电流迅速上升，达到饱和状态，如果这时 IGBT 的门极控制信号撤除，IGBT 仍将处于导通状态，这意味着这时 IGBT 的门极将失去控制作用，这种现象称为"静态擎住效应"。

IGBT 在关断的过程中也会产生擎住效应，称为"动态擎住效应"。当 IGBT 关断时，IGBT 内部的 MOSFET 单元关断十分迅速，在 J_2 结上反向电压快速建立，J_2 结上的电压变化引起位移电流 du_{DC}/dt，该位移电流将在体区电阻 R_{br} 上产生一

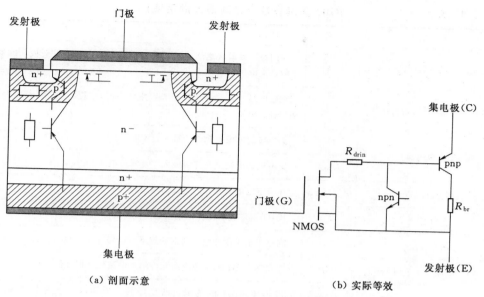

（a）剖面示意　　　　　　（b）实际等效

图 1-15　IGBT 内部结构与实际等效图

个使内部寄生 npn 型晶体管正向偏置的电压。因此 IGBT 关断速度越快，J_2 结上的电压变化也越快，由此产生的位移电流也越大，当位移电流超过某一临界值后，将使 npn 型晶体管正偏导通，形成类似晶闸管导通过程的电流正反馈现象，产生动态擎住效应。动态擎住效应主要由电压变化率决定，此外还受集电极电流 I_C 及结温因素影响。动态擎住效应所允许的集电极电流比静态擎住时的还要小，通常制造厂（商）所规定的临界集电极电流 I_{CM} 是按不发生动态擎住效应所允许的最大集电极电流确定的。因此在使用 IGBT 时，必须限制 IGBT 的集电极电流，使其小于制造厂（商）规定的集电极电流最大值 I_{CM}。加大栅极驱动电阻将延长 IGBT 的关断时间，有利于减小电压变化率，限制 IGBT 的动态擎住效应。

5. IGBT 的主要参数

除表 1-4 中与开关过程相关的时间参数外，IGBT 其他参数通常以绝对最大额定值给出，IGBT 关键参数（绝对最大额定值）与 IGBT 的电特性参数见表 1-5 和表 1-6。不同电压电流等级的 IGBT 关键参数差异较大，具体应用时要注意选择与区分。

6. IGBT 及其模块封装

IGBT 按照封装类型可分为裸片、分立元件、IGBT 模块以及智能模块 IPM。通常半导体的制造是从一个极薄的半导体材料圆盘开始，这个圆盘被称作"晶圆"。IGBT 裸片即是通过相关工艺处理的晶圆被切割测试后尚未形成封装的芯片。IGBT 的封装主要是通过不同的封装技术以及形式，实现将 IGBT 裸片、控制芯片等多种不同工艺的芯片安装在同一基板的过程。

表 1－5　　　　　　　　**IGBT 关键参数（绝对最大额定值）**

术　语	符号	定　义　与　说　明
集电极—发射极间的电压	U_{CES}	在门极—发射极之间处于短路状态时，集电极—发射极间能够外加的最大电压
门极—发射极间的电压	U_{GES}	在集电极—发射极之间处于短路状态时，门极—发射极间能够外加的最大电压
集电极电流	I_C	集电极的电极上允许的最大直流电流
	I_{CRM}	集电极的电极上允许的最大重复峰值电流
最大允许损耗	P_C	在额定温度下允许的最大功率损耗
结温	T_j	IGBT 能够连续工作的最大芯片温度
保存温度	T_{stg}	在电极上不附加电负荷的状态下可以保存或输运的温度范围
FWD－电流二次方时间积	$I^2 t$	在损坏 IGBT 的范围内所允许的过电流焦耳积分值
FWD－正向峰值浪涌电流	I_{FSM}	在损坏 IGBT 的范围内所允许的 1 周期以上正弦半波（50Hz、60Hz）电流的最大值

表 1－6　　　　　　　　**IGBT 的电特性参数**

术　语	符号	定　义　与　说　明
集电极—发射极饱和电压	$U_{CE(sat)}$	在指定的门极—发射极电压下，额定集电流流过时 U_{CE} 的值
门极阈值电压	$U_{GE(th)}$	集电极—发射极有微小电流开始流过时的 U_{GE} 值
集电极—发射极间短路电流	I_{CES}	集电极—发射极之间处于短路状态时，在集电极与发射极间外施加指定电压时的漏电流
门极—发射极漏电流	I_{GES}	在集电极—发射极之间处于短路状态时，在门极—发射极间外施加指定电压时门极—发射极间的漏电流
门极电阻	R_G	门极串联电阻值
门极充电电量	Q_g	为了使 IGBT 开通，门极—发射极间充电的电荷量
二极管正向电压	U_f	在内置二极管中流过正方向电流（通常为额定电流）时的二极管压降
反向恢复电流	I_{rr}	到内置二极管中正方向电流断路时反方向流动的电流峰值
反向恢复时间	t_{rr}	到内置二极管中反向恢复电流消失为止所需要的时间

　　IGBT 的分立元件主要是指单片 IGBT，其电压、电流通常不大于 600V、10A。由于 IGBT 高压大电流器件结构及制作工艺的特殊性，单管集成的 IGBT 产品能够处理的功率较小，一般仅适用于数百瓦的电子电路集成。为了满足大量的高压大功率应用场合，将 IGBT 器件、控制电路、驱动电路、接口电路以及保护电路等芯片封装一体化形成的部分或完整功能的 IGBT 模块或系统 IGBT 集成应运而生。IGBT 模块是以微电路、IGBT 驱动、封装等技术为基础，按照最优化电路拓扑与系统结

构原则，形成可以组合和更换的标准单元。由于在设计封装时充分考虑了模块内部芯片与基板的互联方式、各类封装的导热绝缘性能等，这使得 IGBT 模块具有突出优点：各种元器件之间互连所产生的不利寄生参数大大降低，器件所产生的热量更易散发，更能耐受环境应力的冲击，具有更大的电流承载能力以及更易安装使用等。表 1-7 介绍了几种常见 IGBT 封装形式。

表 1-7　　　　　　　　　　　　　　**几种常见 IGBT 封装形式**

封装类型	外　观	内部结构	额定电压/电流	应用
IGBT 裸片	SIGC54T65R3E		650V/100A	
IGBT 分立元件	IKFW60N60DH3E		600V/50A	空调 PFC、通用驱动、伺服驱动
IGBT 模块	F3L200R12W2H3_B11		1200V/200A	三电平应用、电机传动、太阳能、UPS
	FF600R17ME4		1700V/600A	大功率变流、风力发电

封装类型	外　观	内部结构	额定电压/电流	应用
IGBT 模块	FF1200R17IP5		1700V/1200A	大功率变流器、牵引变流器、电机传动、风力发电
	FS100R07PE4		1200V/100A	电机传动
	FZ600R65KE3		6500V/600A	中压变流器、牵引变流器
IPM	IGCM04F60GA	CIPOSTM　PFC NTC　Gate Drive　UVLO　Protection	600V/4A	家用电器变频驱动、伺服驱动

1.1.3.3　宽禁带器件 GaN HEMT 简介

传统第一代半导体（Si、Ge）与第二代半导体（GaAs、InP）在光电子、电力电子与射频微波等领域器件性能的提升已经逼近材料的物理极限，难以进一步实现变换器的高频化、高功率密度以及小型化。其原因在于，一方面高频工作条件下，如硅材料器件会产生较大的驱动损耗、开关损耗，降低了变换器效率，同时还会影响到系统的可靠性；另一方面，现有器件的封装技术也在一定程度上限制了其开关频率的提高。管芯封装必然会带来一些寄生元件，这将直接影响到器件的性能与品质。

以 GaN 和 SiC 为代表的宽禁带半导体材料在诸多方面展现出很好的性能，如低导通阻抗，低输入、输出电容等，使得宽禁带器件应用在更高的开关频率场合，同时实现系统较高的效率成为可能。

以 GaN 材料与器件为例分析宽禁带器件的工作原理与特性，GaN 半导体材料具有如下特性：

（1）耐压水平较高，击穿电场高达 3.3×10^6 V/cm，约为 Si 材料的 10 倍。

（2）在 GaN 层上生长 AlGaN 层后，AlGaN/GaN 异质结形成的二维电子气（2DEG）浓度较高（2×10^{13}/cm²），易于实现高电流密度。

（3）电子饱和漂移速度快，可达 2.5×10^7 cm/s，适合高频开关场合。

（4）工作温度很高，器件结温理论上可达 600℃，使得冷却系统体积大幅度减小，极大简化了系统散热设计。

（5）具有低热阻特性，适合高温环境运行。

（6）抗辐照能力比 Si 材料和 GaAs 材料强。

（7）硬度高于 Si 材料和 GaAs 材料，有利于器件的大功率集成。

第三代宽禁带 GaN 材料具有带隙能量大、临界击穿电场高、电子迁移率较高、饱和漂移速度高及导热率大等优点，性能比第一代 Si 材料好。

基于超级结技术的 Si MOSFET 与耗尽型 GaN FET 的内部结构与器件符号对比如图 1-16 所示。耗尽型 GaN FET 属于横向器件，GaN 器件以 Si 或 SiC 等材料做衬底。在 Si 衬底的基础上生长出高阻性的 GaN 晶体层。在 GaN 层与衬底间加入 AlGaN 用于隔离器件和衬底。GaN 层与门极（G）、源极（S）和漏极（D）之间是 AlGaN 层，由 AlGaN/GaN 异质结生成了具有高电子迁移率与低阻特性的二维电子气（2DEG）。耗尽型 GaN FET 为电压控制器件，当门极和源极间的负向电压大于阈值电压时，2DEG 形成，器件导通。当栅极和源极间的电压小于阈值电压时，器件被关断。GaN FET 与传统的 Si MOSFET 相比，采用水平结构，体内没有形成 pn 结，即体内没有二极管，不存在反向恢复问题。DS 间的导体是通过中间的电子层导通，因此器件可实现双向开关。耗尽型 GaN FET 的缺点为没有驱动时处于常通状态，在使用时较为不方便。

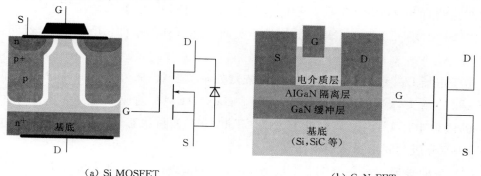

（a）Si MOSFET　　　　　　　（b）GaN FET

图 1-16　Si MOSFET 与 GaN FET

为解决上述问题，目前部分厂家生产的高压 GaN 器件是一个组合结构，由一个低压 Si MOSFET 和一个高压 GaN 晶体管级联（cascode）组成，称为 GaN 氮化镓功率高电子迁移率晶体管（GaN high electron mobility transistor，GaN HEMT），基于级联结构的 GaN HEMT 结构示意如图 1-17 所示。通过级联将常通型器件转变为常断型器件，其中 Si MOSFET 的漏极（D）与高压 GaN FET 的源极（S）短接，Si MOSFET 的源极（S）与 GaN FET 的门极（G）短接，使得低压 MOSFET 的漏源极电压 $U_{DS(si)}$ 等于高压常通型 GaN 晶体管的源门极电压 $U_{GS(GaN)}$。从而提供必要的负偏压以实现 GaN HEMT 的关断。

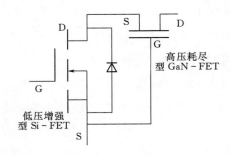

图 1-17 基于级联结构的 GaN HEMT
结构示意图

GaN HEMT 是常闭器件，其导通与关断间接受到 Si MOSFET 开关状态的控制，且同时与 Si MOSFET 以及耗尽型 GaN FET 的工作情况有关。GaN HEMT 的稳态工作模式可以分为四种情况。

（1）正向阻断（外部条件：$U_{GS}=0$，$U_{DS}>0$）。

1）此时驱动电压 $U_{GS}=0$，Si MOSFET 处于关断状态，而 GaN FET 导通；满足 $0<U_{DS}<-U_{TH(GaN)}$。

由于 $U_{GS}=0$，因此 Si MOSFET 处于关断状态，此时没有电流流过开关管，$I_D=0$。因为 $U_{GS(GaN)}=U_{DS(Si)}$，所以有 $-U_{DS(Si)}<U_{DS}<-U_{TH(GaN)}$，GaN FET 处于开通状态。此时 Si MOSFET 所承受电压等于 GaN HEMT 的漏源电压 U_{DS}。

2）Si MOSFET 与 GaN FET 均处于关断状态（外部条件：$U_{GS}=0$，$-U_{TH(GaN)}<U_{DS}$）。

由于电压 $U_{GS}=0$ 时，Si MOSFET 依然处于关断状态。随着 GaN HEMT 漏源电压 U_{DS} 的增大，当 $U_{DS}>-U_{TH(GaN)}$ 时，GaN HEMT 的驱动电压 U_{GS} 小于 GaN FET 的阈值电压 $U_{TH(GaN)}$，因此 GaN FET 也处于关断状态。此时 Si MOSFET 与 GaN FET 分压共同承担漏源电压 U_{DS}。

（2）正向导通（外部条件：$U_{GS}>U_{TH(si)}$，$U_{DS}>0$）。当驱动电压 $U_{GS}>U_{TH(si)}$ 时，Si MOSFET 处于导通状态。由于 $-U_{DS(Si)}=U_{GS(GaN)}>U_{TH(GaN)}$，GaN FET 也处

于导通状态，GaN HEMT 漏源电压 U_{DS} 与漏极电流 I_D 的关系为

$$U_{DS} = I_D[R_{DS(Si)} + R_{DS(GaN)}] \qquad (1-10)$$

式中　　$R_{DS(Si)}$——Si MOSFET 通态电阻；

　　　　$R_{DS(GaN)}$——GaN FET 通态电阻。

I_D 的方向与流通路径如图 1-18 虚线所示。GaN HEMT 的正向导通模态如图 1-18 所示。

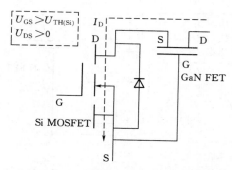

图 1-18　GaN HEMT 的正向导通模态

（3）反向导通（外部条件：$U_{DS} < 0$）。反向导通模态可根据 Si MOSFET 体二极管与沟道是否同时导通而分为三种情况：

1）Si MOSFET 体二极管导通（$U_{GS} = 0$，$U_{DS} < 0$）。当驱动电压 $U_{GS} = 0$ 时，Si MOSFET 处于关断状态。由于漏源电压 $U_{DS} < 0$，Si MOSFET 体二极管导通。此时 GaN FET 的驱动电压 $U_{GS(GaN)}$ 钳位于二极管的导通压降 U_F。电流 I_D 从 Si MOSFET 体二极管及耗尽型 GaN FET 沟道流过。Si MOSFET 体二极管导通如图 1-19 所示，可以看出电流流通路径和方向。此时 GaN HEMT 的漏源电压满足

$$U_{DS} = U_{DS(Si)} - I_D R_{DS(GaN)} \qquad (1-11)$$

式中　　$U_{DS(Si)}$——Si MOSFET 漏源极电压。

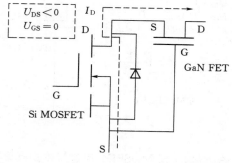

图 1-19　Si MOSFET 体二极管导通

2）Si MOSFET 沟道导通（外部条件：$U_{GS} > U_{TH(Si)}$，$U_{DS} < 0$，$U_{DS(Si)} > -U_F$）。为解决 GaN HEMT 反向导通压降较大问题，向 GaN HEMT 施加一个较大的驱动电压，满足 $U_{GS} > U_{TH(Si)}$，使得 Si MOSFET 沟道完全导通。Si MOSFET 的沟道压降 $U_{DS(Si)} > -U_F$，由于其沟道阻抗很小，电流 I_D 将全部流经 Si MOSFET 沟道，Si MOSFET 沟道导通如图 1-20 所示。此时 GaN HEMT 的漏源电压满足

$$U_{DS} = -I_D[R_{DS(Si)} + R_{DS(GaN)}] \tag{1-12}$$

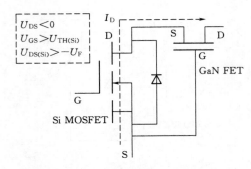

图 1-20　Si MOSFET 沟道导通

3）Si MOSFET 沟道与体二极管同时导通（外部条件：$U_{GS} > U_{TH(Si)}$，$U_{DS} < 0$，$U_{DS(Si)} \leqslant -U_F < 0$）。当驱动电压 $U_{GS} > U_{TH(Si)}$ 且其值较小时，Si MOSFET 将处于放大区，Si MOSFET 沟道电阻由驱动电压决定，存在 $U_{DS(Si)} \leqslant -U_F < 0$ 的情况。当若 $U_{DS(Si)} \leqslant -U_F < 0$，MOSFET 沟道与体二极管同时导通分流，Si MOSFET 的漏源电压 $U_{DS(Si)}$ 被钳位于体二极管导通压降，Si MOSFET 沟道与体二极管同时导通如图 1-21 所示。此时 GaN HEMT 的漏源电压需要满足

$$U_{DS} = -[I_F R_{DS(GaN)} + U_F] \tag{1-13}$$

式中　I_F——二极管导通电流；

　　　U_F——二极管导通压降。

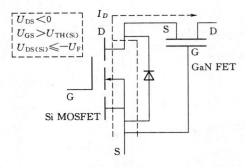

图 1-21　Si MOSFET 沟道与体二极管
同时导通

（4）反向恢复（外部条件：$U_{GS}=0$，$U_{DS}\geqslant0$，$I_{DS}<0$）。考虑到 GaN FET 器件导通时没有少数载流子，因而不存在反向恢复过程。当 GaN HEMT 反向关断时，只需要关注 Si MOSFET 的反向恢复过程。当 Si MOSFET 的压降 $U_{DS(Si)}\geqslant U_{TH(GaN)}$ 时，GaN HEMT 完全关断。GaN HEMT 反向恢复模态如图 1-22 所示，反向恢复电流流经 Si MOSFET 体二极管，方向如图 1-22 中虚线箭头所示。

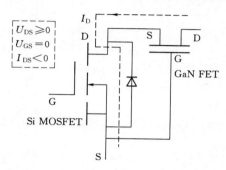

图 1-22　GaN HEMT 反向恢复模态

考虑杂散电容的 GaN HEMT 等效模型如图 1-23 所示，其开通关断过程如下：

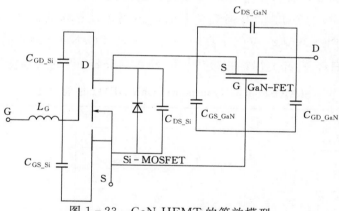

图 1-23　GaN HEMT 的等效模型

（1）开通时，在 GaN HEMT 外部施加驱动电压，低压 Si-MOSFET 的输入电容 $C_{GS(Si)}$ 将被充电至门槛电压，当 $U_{GS}\geqslant U_{TH(Si)}$，Si-MOSFET 开始导通。随之，Si-MOSFET 的等效电容 $C_{GD(Si)}$、$C_{DS(Si)}$ 开始放电。由于 GaN-FET 等效电容 $C_{GS(GaN)}$ 与 $C_{GD(Si)}$ 并联，因此 $C_{GS(GaN)}$ 也随之放电。当 $U_{GS(GaN)}=U_{TH(GaN)}$ 时，GaN-FET 开始导通，GaN-FET 的电容 $C_{DS(GaN)}$ 和 $C_{GD(GaN)}$ 放电，$U_{DS(GaN)}$ 电压开始下降。

（2）关断时，低压 Si MOSFET 先关断，其漏源极电容 $C_{DS(Si)}$ 电压上升，同时伴随着 GaN-FET 的 $U_{GS(GaN)}$ 下降。当 GaN-FET 的驱动电压 $U_{GS(GaN)}$ 低于门槛电压 $U_{TH(GaN)}$ 时，GaN 晶体管关断。某 GaN HEMT 典型输出伏安特性曲线如图 1-24 所示。

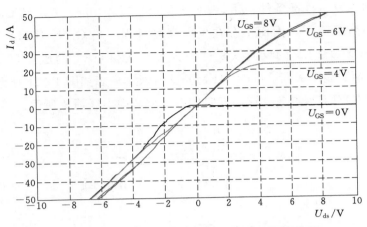

图 1-24 GaN HEMT 典型输出伏安特性曲线

表 1-8 给出了 Si MOSFET 与 Transphorm GaN HEMT 性能对比，其中 IPA60R160C6 为 Si MOSFET，TPH3006PS 为 GaN HEMT。从表 1-8 中可以看出，两种器件具有相似的导通损耗 R_{DS}，然而 GaN HEMT 栅极电荷 Q_g 少，反向恢复电荷 Q_{rr} 少，因此可降低半导体器件损耗，从而提高变换器转换效率。由于寄生电容容量小，GaN HEMT 的开通和关断时间被缩短，意味着高压 GaN HEMT 比起高压 Si MOSFET 更适合应用于高频场合。因此，GaN HEMT 的开关频率理论上可达到约 1GHz，且开关损耗相较传统的 Si MOSFET 得到大幅度降低。

表 1-8 Si MOSFET 与 Transphorm GaN HEMT 性能对比

参 数		器 件 型 号	
		IPA60R160C6	TPH3006PS
静态	U_{DS}/V	600	600
	$R_{DS(25℃)}/\Omega$	0.16	0.18
	Q_g/nC	75	6.2
	Q_{gd}/nC	38	2.2
动态	$C_{o(er)}/pF$	66	56
	$C_{o(tr)}/pF$	314	110
反向运行	Q_{rr}/nC	8200	54
	t_{rr}/ns	460	30

GaN HEMT 的米勒效应比 Si-MOSFET 小很多，因此开通时刻的振荡很小，开关波形比较如图 1-25 所示。综上所述，宽禁带器件 GaN HEMT 的特性如下：

（1）开关损耗较低，器件转换效率高；且工作过程中发热少，可减小变换器冷却设备体积，减轻系统散热设计难度。

（2）额定工作频率可达数十万赫兹，较高的开关频率下电力电子变换器易实现小型化。

（3）死区时间短，死区所引起的损耗低。

（4）内部无寄生续流二极管，具有对称传导特性。

（5）驱动电路设计时无需设计专门的吸收电路，结构简单，体积紧凑，且损耗得到进一步降低。

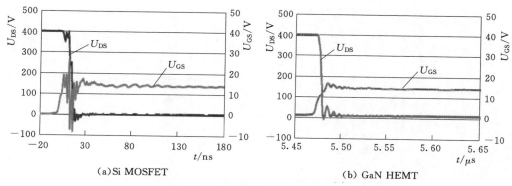

图 1-25　典型器件的开关波形对比

现有 GaN HEMT 器件以直插式独立封装居多，图 1-26 给出了常见 GaN HEMT 器件封装外形示意。图 1-26（a）为单个 GaN HEMT 器件的直插封装形式，图 1-26（b）为多个 GaN HEMT 器件集成为贴片式封装。

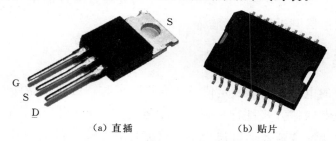

图 1-26　GaN HEMT 器件封装外形示意图

1.2　两电平变换器及器件串并联技术

配电网中分布式光伏发电单元、电化学储能能量变换、电动汽车充电桩技术、电能质量治理设备以及直流配电网技术等是现代电力电子技术的典型应用场景，有一些产品则直接采用两电平变换器或者电力电子器件的串联技术。

1.2.1　两电平变换器

以三相三线制电压型两电平变换器为例，其拓扑结构如图 1-27 所示，由 6 个全控型电力电子开关器件及反并联二极管组成,因相电压输出仅有 $+U_d/2$ 与 $-U_d/2$ 两种电平,故被称为两电平变换器。根据应用场合的不同,又分为两电平 PWM 整流器与两电平 PWM 逆变器。为避免桥臂直通,两电平变换器 PWM 调制遵循的原则为:VT_1 与 VT_4 的驱动逻辑取反,VT_3 与 VT_6 的驱动逻辑取反,VT_5 与 VT_2 的驱动逻辑取反。

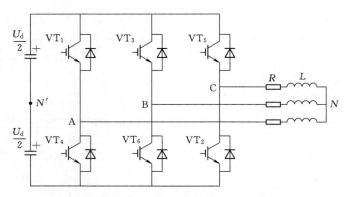

图 1-27 三相三线制电压型两电平变换器拓扑结构

两电平变换器是目前应用比较广泛的基础拓扑,具有结构简单、控制方便的优点。但是,受制于单个功率器件的耐压水平,两电平变换器通常只适用于低压中小功率场合,针对中高压大功率的应用需求,则需要通过器件的串并联技术以及多电平技术来提高变换器电压与电流等级。

1.2.2 电力电子器件串并联技术

当单个器件的电压或电流额定值不能满足要求时,可通过器件的串联或并联以及装置的串联或并联等方式进行扩容,其中器件串联可以提高变流器的电压等级,器件并联则可以提高变流器的电流大小,从而提升变流器的功率等级。以 IGBT 串并联技术为例分析电力电子器件串并联应用时可能存在的问题,给出电力电子器件串并联设计时需遵循的基本原则与注意事项。

1. 电力电子器件的串联

多个功率器件串联使用,主要的技术难题就是如何实现器件的动态均压,多器件串联的三相变换器拓扑结构如图 1-28 所示,这对开关器件通断的一致性以及器件参数的一致性都有着较高的要求。

以 IGBT 为例,驱动信号的延迟不一致是引起 IGBT 串联链路端电压失衡的原因之一。延迟时间不同会造成开通过程中在较慢开通的器件上产生电压尖峰和较高的静态电压,使得各串联器件电压不均衡。引起过压的另一个主要原因是各串联器件引线分布电感和吸收电路特性不一致。不同 IGBT 功率回路的杂散电感和吸收电

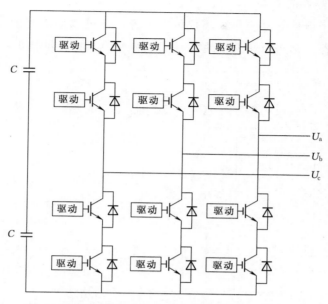

图 1-28　多器件串联的三相变换器拓扑结构图

容的差异，会导致不同的开关特性和电压尖峰。

IGBT 串联应用的关键是确保在 IGBT 开关状态改变的瞬间和其进入稳定工作状态后都有较好的电压均衡效果（分别称为动态和静态电压均衡），防止在某个器件上出现过压而损坏器件。端电压的静态平衡可以通过每个管子并联较大阻值电阻分压实现，但动态平衡不容易实现，工程中应尽量选择同一型号和批次的开关管，以保证器件参数基本一致，并且吸收电路和驱动电路的设计严格要求。

以下简要归纳 IGBT 串联使用时，器件选择和功率主电路布局所需要遵循的基本原则，主要如下：

（1）尽量减小各 IGBT 之间技术参数的差别：尽量选择同一制造商、同一型号的产品，最好是同一批次的产品。

（2）驱动电路对称分布：减小传输延时所造成的驱动信号差别，以保证所有串联器件驱动脉冲的一致性。

（3）散热条件尽量相同：强制风冷时，注意风道的设计，保证散热均衡化，使得串联的模块温度基本相同。

（4）合理选择静态分压电阻：静态条件下，用并联电阻均压使串联 IGBT 上的压降趋同，阻值的选择考虑电阻自身的功率损耗以及自放电速度等，该电阻承受的直流电压是直流母线电压除以串联 IGBT 的个数。

（5）用 RC 吸收电路进行动态均压，使得 C-E 间的电压变化速率趋同。

2. 电力电子器件的并联

多个电力电子器件并联应用，不仅可以扩容，还可以形成冗余结构，从而进一步提高系统稳定性，多个 IGBT 模块并联的三相变换器拓扑结构如图 1－29 所示。

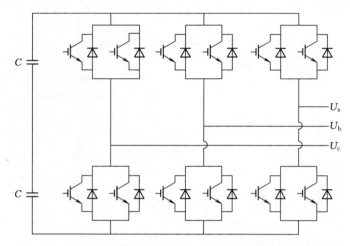

图 1－29　多器件并联的三相变换器拓扑结构图

在多个 IGBT 并联使用时，由于驱动电路、器件特性和电路布局等的影响，将引起流过各并联 IGBT 的电流不均衡，甚至造成器件过流而损坏。通常，影响 IGBT 并联均流效果的主要因素如下：

（1）IGBT 和反并联二极管静态参数的影响。IGBT 的饱和压降 U_{CEsat}、反并联二极管的正向压降 U_f 主要影响静态均流效果；IGBT 的跨导 G_{fs} 和门极—发射极阈值电压 $U_{GE(th)}$、反并联二极管的反向恢复特性（反向恢复时间 t_{rr} 和反向恢复电荷 Q_{rr} 等）主要影响动态均流效果。

（2）IGBT 驱动电路参数的影响。门极驱动电压 U_{GE} 的大小主要影响并联 IGBT 的静态均流，而门极驱动信号的变化率、驱动电阻 R_G、驱动线路的布局和杂散电感等参数则影响并联 IGBT 的动态均流效果。

（3）主电路结构的影响。主电路的结构和布局，会造成线路杂散电感的差异，影响并联 IGBT 的动态均流，而线路的等效阻抗则对静态均流产生影响。

IGBT 并联设计时，通常遵循以下准则：

（1）模块的选择。为实现较好的静态均流效果，选择具有正温度系数且尽量为同批次的 IGBT 模块，以保证参数的一致性。

（2）驱动电路设计。通过 IGBT 驱动电路参数的合理设计和共用同一驱动电路，减小器件参数分布性的影响，改善动态均流的效果。

（3）布局设计。并联回路中的功率回路和驱动回路须保持最小环路面积及布局上的对称，模块应尽量靠近，并优化散热，以提高并联 IGBT 的均流效果。

（4）串联均流电感。在交流输出侧串联小电感可以抑制 IGBT 和二极管在开关过程中的电流变化率，减小由于开关过程的差异造成的电流不均衡，合理的均流电感值选取可以确保并联 IGBT 的动态均流效果。

（5）降额使用。即使 IGBT 模块的选择、共用驱动电路和优化布局等工作已经做得足够好，但实际上还是难以实现并联后的理想化均衡效果，为进一步提高系统的可靠性，可以考虑按照 IGBT 模块容量的 $15\%\sim20\%$ 幅度，进行降额使用。

1.3　大容量多电平变换器

受限于单个功率器件的耐压水平，并综合考虑设备成本等因素，传统的两电平变换器通常无法满足配电网中高压等级应用场合对功率变换所提出的要求。采用器件串并联固然可以实现扩大电压等级，提高电流容量的目的，但也存在器件动态均压和均流问题，以及两电平变换器输出谐波率高等问题。为满足中高压大功率应用场合需求，近些年多电平技术在高电压大功率场合应用越来越多。

多电平变换器通常包含一组功率半导体器件和电容器电压源，通过开关的有序切换和组合，使得电容器上诸个电压错位叠加，进而在变换器的输出端产生较高电压等级的输出波形，并且保证每个功率半导体器件只需要承受较低的电压。本节重点介绍目前应用最为广泛的几种电压源型多电平变换器拓扑，如二极管钳位型多电平结构（neutral – point clamped，NPC）、级联型多电平结构和模块化多电平变换器等。

1.3.1　二极管钳位型多电平变换器

二极管钳位型多电平变换器最早由著名学者 Holtz 提出，后被 A. Nabae 等学者不断深入研究。如今，该拓扑已经在工业领域得到了广泛应用，例如有源电力滤波器、光伏逆变器、UPS、中压变频器和风电变流器。二极管钳位型三电平变换器是最为典型代表，其结构图如图 1 – 30 所示。

图 1 – 30 中，每一相桥臂都含有 4 个主开关器件和 2 个用于中点电压钳位的二极管。以 A 相桥臂为例，来分析二极管中点钳位型三电平变换器的工作机理：当 VT_{11} 和 VT_{12} 同时导通时，输出端 $U_。$ 对直流侧中性点 O 的电平为 $U_d/2$；当 VT_{12} 和 VT_{13} 同导通时，输出端 $U_。$ 和 O 点相连，输出电平为 0；当 VT_{13} 和 VT_{14} 同时导通时，输出端对 O 点的电平为 $-U_d/2$，二极管钳位型三电平变换器的开关状态和输出电平关系（以一相为例）见表 1 – 9。

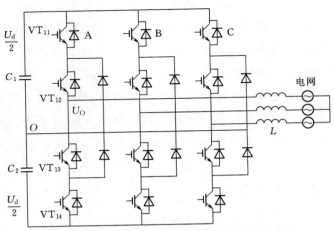

图 1-30　二极管钳位型三电平变换器结构图

表 1-9　二极管钳位型三电平变换器的开关状态和输出电平关系（以一相为例）

输出电平	VT_{11}	VT_{12}	VT_{13}	VT_{14}
P	on	on	off	off
O	off	on	on	off
N	off	off	on	on

　　五电平和七电平以上二极管钳位型多电平逆变器，与三电平逆变器的工作原理及分析方法相似，故本节不再赘述。值得注意的是，随着逆变输出电压电平数的增多，用于中点电压钳位的二极管数量也会增加，系统控制策略变得更加复杂。与此同时，大功率应用场合，直流侧中性点上下电容电压不易均衡的问题也会异常突出。故而九电平以上的二极管钳位型多电平逆变器开发比较困难，实际应用也不多。

1.3.2　级联型多电平变换器

　　二极管钳位型多电平变换器本质上是在电力电子器件串联的基础上，通过钳位元件来增加输出电压电平阶数，同时避免了功率器件直接串联时的开通和关断一致性问题。典型级联型多电平变换器由若干 H 桥单元组成，每个 H 桥单元具有一个独立直流电压源，通过各功率单元交流输出的串联叠加来实现多电平输出。在具体应用时，每相 H 桥单元的实际数量，需要根据逆变器额定输出电压等级来酌情选择。级联型多电平变换器的拓扑结构如图 1-31 所示。

　　级联型多电平变换器的各功率单元可独立控制，故相对于二极管钳位型多电平变换器，其在控制方法和设计细节上要简单许多。此外，级联型多电平变换器还具

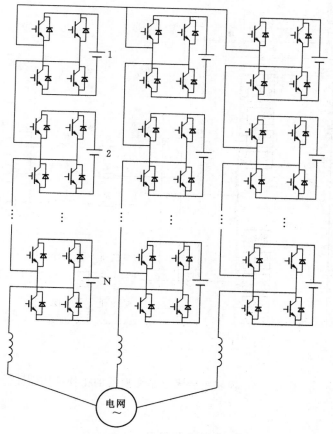

图 1-31　级联型多电平变换器的拓扑结构图

有模块化、易拓展等优点。实际应用时，基于 H 桥级联多电平的变换器被广泛应用于高压大容量静止无功补偿装置、中压 DVR 以及中高压变频器等多个场合。

1.3.3　模块化多电平变换器

模块化多电平变换器（modular multilevel converter，MMC），是当前多电平变换器领域研究的热点，最初由西门子公司提出并用于直流输电示范工程，目前在柔性直流输电以及 UPFC 等领域都有典型应用。模块化多电平变换器采用半桥子模块串联方式，避免了大量开关器件的直接串联，模块组合多电平变换器的拓扑结构如图 1-32 所示。

在模块化组合多电平变换器中，每个桥臂由 1 个电抗器和若干子模块串联而成，每一相由上下桥臂构成。每个子模块共有 3 个开关状态：①闭锁状态，在启动和故障时使用，上下管均封锁；②投入状态，上管开通，下管封锁，输出电压为电容电压；③切除状态，上管封锁，下管开通，输出电压为零。

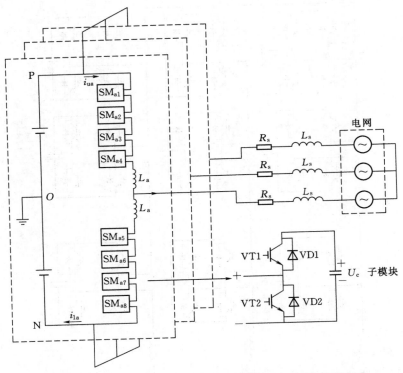

图 1-32　模块组合多电平变换器的拓扑结构图

1.4　电力电子变换器的脉冲调制技术

电力电子变换器的主要功能是实现电能变换，在不同的电力电子变换器中，核心控制系统执行既定算法输出驱动信号来控制电力电子器件的工作状态，其本质是控制电力电子器件的导通与关断时间，进而控制输出电压电流波形。

通过调整驱动脉冲的宽度调整器件导通与关断时间的调制方式被称为脉宽调制技术（pulse width modulation，PWM）。PWM 技术被广泛用于整流电路、逆变电路等多类型变换电路的控制，根据不同的主电路拓扑衍生出许多不同种类，如正弦脉宽调制技术、基于载波移相的 SPWM 调制技术以及基于空间电压矢量的 PWM 调制技术等。

1.4.1　正弦脉宽调制技术

PWM 调制技术的基本概念如下：

（1）调制度。调制度通常用 M_a 表示，其值等于调制波幅值与载波幅值的比值。

（2）载波比。将载波频率与调制信号频率的比值定义为载波比 k_c。在调制过程中 k_c 变化的为异步调制，不变的为同步调制。

正弦脉宽调制 SPWM 的基本思想是基于面积等效原理，将一系列输出等幅不等宽的脉冲来代替一个正弦半波，PWM 波代替正弦波示意如图 1-33 所示。

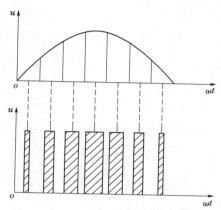

图 1-33 PWM 波代替正弦波示意图

具体实现方法以正弦波作为逆变器输出的期望波形，以频率比期望波高得多的等腰三角波作为载波，并用频率和期望波相同的正弦波作为调制波。当调制波与载波相交时，由它们的交点确定开关器件的通断时刻，从而获得在正弦调制波半个周期内呈两边窄中间宽的一系列等幅不等宽的矩形波，矩形波的面积按正弦规律变化。该调制方法被称为正弦波脉宽调制（sinusoidal pulse width modulation，SPWM）。

如果在正弦调制波的半个周期内，三角载波只在正或负的一种极性范围内变化，所得的 SPWM 波也只处于一个极性的范围内，称为单极性控制方式，如图 1-34（a）所示。如果在正弦调制波半个周期内，三角载波在正负极性之间连续变化，则 SPWM 波也是在正负之间变化，叫做双极性控制方式，如图 1-34（b）所示。

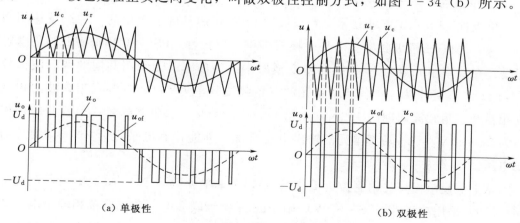

（a）单极性　　　　　　　　　　　　（b）双极性

图 1-34 SPWM 调制原理示意图

1.4.2 基于载波移相的 SPWM 调制技术

载波移相正弦脉宽调制（carrier phase shift sinusoidal pulse width modulation, CPS-SPWM）是适用于大功率电力电子装置的脉冲调制技术，主要应用于级联结构的多电平变换器及其组合变换器，如前面介绍的 H 桥级联型多电平变换器以及 MMC 型多电平变换器等。以 H 桥级联型多电平变换器的脉冲调制为例，CPS-SPWM 的基本思想为：含 N 个 H 桥功率单元的多电平变换器，每相的 H 桥功率单元共用同一个调制波 $U(2\pi ft)$，频率设为 f，则功率单元的三角载波频率设为 $k_c f$，综合变换器输出电平级数和 H 桥功率单元总数量 N，而将三角载波相位依次互相错开一定角度，使得单元输出电压叠加来实现变换器多电平输出。

1. 双极性 CPS-SPWM

双极性 CPS-SPWM 技术是在双极性 SPWM 的基础上产生的一种载波移相调制方法。仍以 H 桥级联型多电平变换器为例，双极性 CPS-SPWM 技术的基本思想是：在单元数为 N 的级联型变换器中，各功率单元采用共同的调制波信号 $U(2\pi ft)$，其频率为 f；各功率单元的三角载波频率为 $k_c f$，将各三角载波的相位互相错开三角载波周期的 $1/N$，则第 $m(1<m<N)$ 个功率单元三角载波的移相角为 $2\pi m/N$。

假设单相公共调制波为 $U_s(2\pi ft)$，功率单元数目 $N=5$，$k_c=10$，调制度 $M=0.8$，采用双极性 CPS-SPWM 调制的 H 桥级联多电平变流器单相输出电压波形如图1-35所示。中间 5 个波形为 5 个功率单元的自身单元电压输出，通过叠加输出单相电压波形，可见采用双极性 CPS-SPWM 调制方法得到的单相电压波形更接近正弦波，谐波分量较小。

2. 单极性 CPS-SPWM

单极性 CPS-SPWM 技术是在双极性 SPWM 的基础上产生的一种载波移相调制方法。仍以 H 桥级联型多电平变换器为例，单极性 CPS-SPWM 技术的基本思想是：在功率单元数为 N 的级联型变换器中，各功率单元采用共同的调制波信号 $U(2\pi ft)$，其频率为 f；各功率单元的三角载波频率为 $k_c f$，将各三角载波的相位互相错开三角载波周期的 $1/2N$，则第 $m(1<m<N)$ 个功率单元三角载波的移相角为 $2\pi m/2N$，将各功率单元的输出电压叠加，即能得到电平数为 $2N+1$ 的总输出电压。

依旧假设单相公共调制波为 $U_s(2\pi ft)$，功率单元数目 $N=5$，$k_c=10$，调制度 $M=0.9$，采用单极性 CPS-SPWM 调制的 H 桥级联多电平变流器单相输出电压波形如图1-36所示。中间 5 个波形为 5 个功率单元的自身单元电压输出，通过叠加

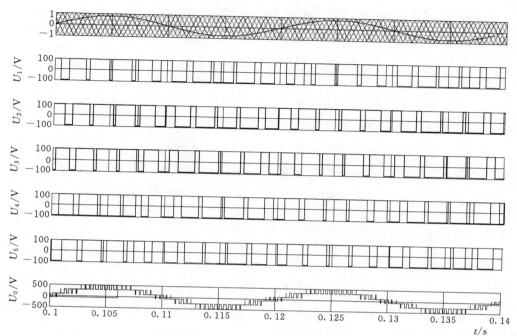

图 1-35 双极性 CPS-SPWM 调制的 H 桥级联多电平变流器单相输出电压波形

输出单相电压波形，如图 1-36 所示，其输出波形相较双极性 CPS-SPWM 调制的相输出电压波形更接近正弦波，谐波分量进一步降低。

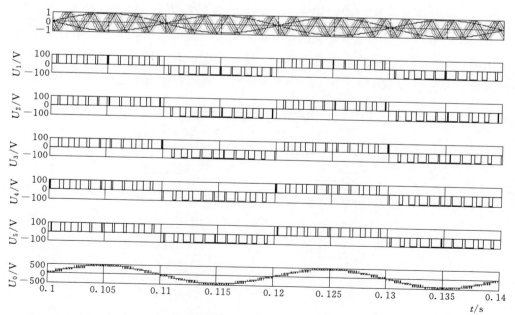

图 1-36 单极性 CPS-SPWM 调制的 H 桥级联多电平变流器单相输出电压波形

总结起来，CPS－SPWM 调制算法有以下特点：

（1）针对级联型多电平拓扑结构，采用双极性 CPS－SPWM 调制算法，单相电压输出电平最多为 $N+1$；采用单极性 CPS－SPWM 调制算法，单相电压输出电平最多为 $2N+1$。

（2）每个功率单元都需要生成独立的调制信号，功率单元的载波信号通过移相得到，每相相同位置的功率单元载波相同。

（3）当功率单元数量较多时，通过 CPS－SPWM 调制输出的相电压电平数随之增加，波形也越接近正弦，有利于降低装置输出电压电流的 THD。不过，当功率单元数量太多时，工程上也常用阶梯波调制技术或最近电平调制技术。

1.4.3　基于空间电压矢量的 PWM 调制技术

本节介绍工程中常用的空间电压矢量调制技术（space voltage vector pulse width modulation，SVPWM），SVPWM 技术将三相电压转换成二相平面，产生 8 个相应空间电压矢量，其中：6 个有效空间电压矢量形成一个正六边形，2 个零矢量位于中心位置。定义电压空间矢量为

$$\vec{U} = \frac{2}{3}(U_U + U_V e^{j\frac{2}{3}\pi} + U_W e^{j\frac{4}{3}\pi}) \tag{1-14}$$

式中　　　　　　$\vec{U}$——电压空间矢量。

U_U、U_V、U_W——相位相差 120° 的三相电压量的模值。

对于 180° 导电类型的两电平变换器来说，三个桥臂的 6 个导电功率器件共有 8 种开关模式。图 1－37 所示的 8 个电压空间矢量，其中：有 6 种开关模式对应非零电压空间矢量，其幅值为 $2U_d/3$；有 2 种开关模式对应幅值为零的零电压空间矢量。

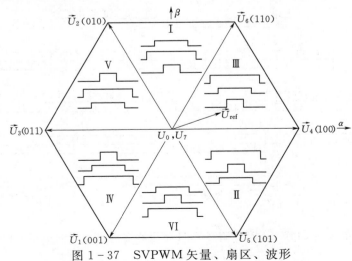

图 1－37　SVPWM 矢量、扇区、波形

在每一个区间里，选择相邻的两个电压矢量及零矢量，按照秒伏平衡的原则来合成每个扇区内的任意电压矢量。即

$$\vec{U}_x T_x + \vec{U}_y T_y + \vec{U}_0 T_0 (\vec{U}_7 T_7) = \vec{U}_{ref} T \qquad (1-15)$$

式中　$T_x(T_y)$——对应电压矢量 $\vec{U}_x(\vec{U}_y)$ 的作用时间；

　　　　T——采样周期；

　　　　$\vec{U}_{ref}$——期望的输出电压矢量。

定义由两个电压矢量以逆时针方向组成的每一扇区中，相位超前的矢量为 $\vec{U}_x$，称为主矢量，相位滞后的矢量为 $\vec{U}_y$，称为辅矢量，其作用时间分别为 T_x 和 T_y。下面以合成电压矢量 $\vec{U}_{ref}$ 落在扇区Ⅲ为例，推导 T_x 和 T_y 的表达式。由式（1-15）可以得到

$$\vec{U}_4 T_4 + \vec{U}_6 T_6 = \vec{U}_{ref} T$$

$$T = T_4 + T_6 + T_0 \qquad (1-16)$$

令 $\vec{U}_{ref} = U_\alpha + jU_\beta$，则有

$$\begin{cases} U_\alpha = |\vec{U}_4| T_4 + |\vec{U}_6| T_6 \cos 60° \\ U_\beta = |\vec{U}_6| T_6 \sin 60° \end{cases} \qquad (1-17)$$

由此可得

$$T_4 = (U_\alpha - U_\beta/\sqrt{3}) T / U_d$$

$$T_6 = (2U_\beta/\sqrt{3}) T / U_d \qquad (1-18)$$

$$T_0 = T - T_4 - T_6$$

式中　U_d——逆变器直流侧输入电压，其幅值等于三相输入电压的线电压幅值；

　　U_α、U_β——三相输入电压进行 3/2 变换的结果。

同理，可以求得 $\vec{U}_{ref}$ 落在其他扇区内的解。若根据不同扇区相邻两个有效值的作用时间，可以定义

$$X = (2U_\beta/\sqrt{3}) T / U_d$$

$$Y = (U_\beta/\sqrt{3} + U_\alpha) T / U_d \qquad (1-19)$$

$$Z = (U_\beta/\sqrt{3} - U_\alpha) T / U_d$$

各个扇区内 T_x 和 T_y 的取值见表 1-10。在得知期望电压 $\vec{U}_{ref}$ 所处的扇区后，根据表 1-10 便可迅速计算出该扇区相邻两矢量的作用时间。该方法不必计算 θ

角，从而避免了一系列三角函数的复杂计算问题。

表 1 - 10 T_x、T_y 赋 值 表

扇区号	I	II	III	IV	V	VI
T_x	Y	$-X$	$-Z$	Z	X	$-Y$
T_y	Z	Y	X	$-X$	$-Y$	$-Z$

以七段式 SVPWM 为例，为使得输出波形对称，将每个矢量的作用时间都一分为二，同时把零矢量时间分给 2 个零矢量 $\vec{U}_0$ 和 $\vec{U}_7$，并遵循开关次数最少的原则，所产生的开关序列为 $\vec{U}_0 - \vec{U}_4 - \vec{U}_6 - \vec{U}_7 - \vec{U}_7 - \vec{U}_6 - \vec{U}_4 - \vec{U}_0$，七段式 SVPWM 波形如图 1 - 38 所示。

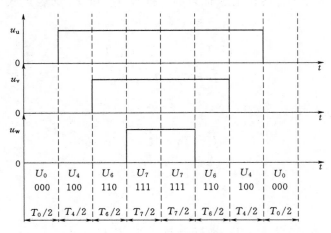

图 1 - 38 七段式 SVPWM 波形

按照此原则，式（1 - 15）可表示为

$$\vec{U}_{ref} T = \vec{U}_x T_x + \vec{U}_y T_y + \vec{U}_0 T_0/2 + \vec{U}_7 T_0/2 \tag{1 - 20}$$

按同样道理，可以得到其他扇区内主、辅矢量的开关次序。这样，每次电压矢量的变化只能有一个桥臂开关动作，每个采样周期内各桥臂均开关一次。

根据各扇区相邻两矢量的作用时间，遵循开关次数最少的原则，可采用七段式空间矢量合成方法来发送各矢量，扇区矢量发送顺序示例 1、示例 2 分别见表 1 - 11、表 1 - 12。表 1 - 11 为先发送 $\vec{U}_x$，表 1 - 12 为先发送 $\vec{U}_y$ 矢量，两种发送顺序得到的矢量 $\vec{U}_{ref}$ 是等价的。

表 1 - 11 扇区矢量发送顺序示例 1

$T_{00}/2$	$T_x/2$	$T_y/2$	$T_{07}/2$	$T_y/2$	$T_x/2$	$T_{00}/2$
$\vec{U}_0$	$\vec{U}_x$	$\vec{U}_y$	$\vec{U}_7$	$\vec{U}_y$	$\vec{U}_x$	$\vec{U}_0$

表 1 - 12　　　　　　　　　　　　**扇区矢量发送顺序示例 2**

$T_{00}/2$	$T_y/2$	$T_x/2$	$T_{07}/2$	$T_x/2$	$T_y/2$	$T_{00}/2$
$\vec{U}_0$	$\vec{U}_y$	$\vec{U}_x$	$\vec{U}_7$	$\vec{U}_x$	$\vec{U}_y$	$\vec{U}_0$

遵循上述各矢量的发送顺序和作用时间规律，便可以合成各扇区内所期望的电压矢量。

实现 SVPWM 控制算法分为以下 3 个基本步骤。

1. 判断矢量 $\vec{U}_{ref}$ 所处的扇区

工程应用中通过分析各扇区边界处 U_α/U_β 的取值与 U_α 和 U_β 的关系，快速判断 $\vec{U}_{ref}$ 所处的扇区的规律。定义 A、B、C 三种状态变量，令扇区 $Sector = A + 2B + 4C$，$Sector$ 的值由 A、B、C 共同决定。A、B、C 取值方法为：①如果 $U_\beta > 0$，则 $A = 1$，否则 $A = 0$；②如果 $\sqrt{3}U_\alpha - U_\beta > 0$，则 $B = 1$，否则 $B = 0$；③如果 $\sqrt{3}U_\alpha + U_\beta < 0$，则 $C = 1$，否则 $C = 0$。

2. 根据扇区分配矢量的作用时间 T_x 和 T_y

根据前面的论述，不同扇区内相邻两个主、辅矢量 T_x 和 T_y 的选择见表 1 - 10 及式（1 - 19）。

3. 计算比较器的值 CMPR1、CMPR2 和 CMPR3

定义变量 T_a、T_b、T_c 以及 T_d 为

$$\left. \begin{aligned} T_a &= T_0/4 \\ T_b &= T_0/4 + T_x/2 \\ T_c &= T_0/4 + T_y/2 \\ T_d &= T_0/4 + T_x/2 + T_y/2 \end{aligned} \right\} \tag{1-21}$$

矢量在不同扇区的发送顺序，参照表 1 - 10、表 1 - 11，比较器的值 CMPR1、CMPR2 和 CMPR3 的赋值选择见表 1 - 13。

表 1 - 13　　　　　　　　**CMPR1、CMPR2 和 CMPR3 赋值表**

扇区号	I	II	III	IV	V	VI
CMPR1	T_c	T_a	T_a	T_d	T_d	T_b
CMPR2	T_a	T_d	T_b	T_c	T_a	T_d
CMPR3	T_d	T_c	T_d	T_a	T_b	T_a

SVPWM 程序流程图如图 1 - 39 所示。

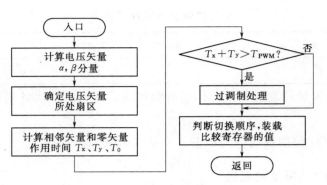

图 1-39　SVPWM 程序流程图

参 考 文 献

［1］　王兆安，黄俊. 电力电子技术 ［M］. 4 版. 北京：机械工业出版社，2012.

［2］　陈坚. 电力电子学—电力电子变换和控制技术 ［M］. 北京：高等教育出版社，2004.

［3］　D. Grahame Holmes，Thomas A. Lipo. 电力电子变换器 PWM 技术原理与实践 ［M］. 周克亮，译. 北京：人民邮电出版社，2010.

［4］　R. Strzelecki，G. Benysek. 智能电网中的电力电子技术 ［M］. 徐政，译. 北京：机械工业出版社，2010.

［5］　龚熙国，龚熙战. 高压 IGBT 模块应用技术 ［M］. 北京：机械工业出版社，2015.

［6］　李先允. 电力电子技术 ［M］. 北京：中国电力出版社，2006.

［7］　钱照明，张军明，盛况. 电力电子器件及其应用的现状和发展 ［J］. 中国电机工程学报，2014，34 （29）：5149-5161.

［8］　赵定远，赵莉华. 现代电力电子器件的发展 ［J］. 成都大学学报（自然科学版），2007，26 （3）：210-214.

［9］　陈治明. 宽禁带电力电子器件研发新进展 ［J］. 机械制造与自动化，2005，34 （6）：1-3.

［10］　盛况，郭清. 碳化硅电力电子器件在电网中的应用展望 ［J］. 南方电网技术，2016，10 （3）：87-90.

［11］　赵正平. GaN 高频开关电力电子学的新进展 ［J］. 半导体技术，2016，41 （1）：1-9.

［12］　王正元，由宇义珍，宋高升. IGBT 技术的发展历史和最新进展 ［J］. 电力电子，2014，2 （5）：7-12.

［13］　许平. IGBT 器件新结构及制造技术的新进展 ［J］. 电力电子，2005，3 （1）：21-26.

［14］　张元敏，方波，蔡子亮. 实际应用条件下 Power MOSFET 开关特性研究（上）［J］. 现代电子技术，2007 （21）：175-178.

［15］　SIGC54T65E3E Datasheet. Available：https：//www. infineon. com/dgdl/Infineon - SIGC54T - 65R3E - DS - v02 _ 00 - EN. pdf？fileId＝db3a30433ba77ced013ba91d976f0509.

［16］　IKFW60N60DH3E Datasheet. Available：https：//www. infineon. com/dgdl/Infineon - IKFW -

60N60DH3E – DS – v02 _ 01 – EN. pdf？fileId=5546d462602a9dc8016034ff33752dfe

[17] F3L200R12W2H3 _ B11 Datasheet. Available：https：//www. infineon. com/dgdl/In-
fineon F3L – 200R12W2H3 _ B11 – DS – v03 _ 01 – CN. pdf？fileId = 5546d46249cd
10140149 eb674b202fe3

[18] FF600R17ME4 Datasheet. Available：https：//www. infineon. com/dgdl/Infineon – FF600R17 –
ME4 – DS – v03 _ 00 – CN. pdf？fileId=db3a30433e16edf9013e17288081008c

[19] FF1200R17IP5 Datasheet. Available：https：//www. infineon. com/dgdl/Infineon – FF1200R – 17 –
IP5 – DS – v03 _ 00 – CN. pdf？fileId=5546d4625cc9456a015d07ef18117f1a

[20] FS100R07PE4 Datasheet. Available：https：//www. infineon. com/dgdl/Infineon – FS100R07 –
PE4 – DS – v02 _ 00 – en _ cn. pdf？fileId=db3a30433df41259013df90237210a76

[21] FZ600R65KE3 Datasheet. Available：https：//www. infineon. com/dgdl/Infineon – FZ600R65 –
KE3 – DS – v03 _ 02 – CN. pdf？fileId=db3a30433e16edf9013e1d4e694f2133

[22] IGCM04F60GA Datasheet. Available：https：//www. infineon. com/dgdl/Infineon – IGCM04F60 –
GA – DS – v02 _ 07 – EN. pdf？fileId=5546d4624fb7fef2014fcae7ea2177ea

[23] 李轩. SiC MOSFET 开关损耗模型与新结构研究 [D]. 成都：电子科技大学，2017.

[24] R. J. Trew. SiC and GaN transistors – is there one winner for microwave power applica-
tions [C]. *Proceedings of the IEEE*，2002.

[25] J. Millán，P. Godignon，X. Perpiñá，A. Pérez – Tomás and J. Rebollo. A Survey of
Wide Bandgap Power Semiconductor Devices [J]. IEEE Transactions on Power Elec-
tronics，2014，29（5）：2155 – 2163.

[26] 张波，章文通，乔明，李肇基. 功率超结器件的理论与优化 [J]. 中国科学：物理学
力学 天文学，2016，46（10）：8 – 25.

[27] 郝晓波，宋海娟，常婷婷. Super Junction MOSFET（CoolMOS）[J]. 数字技术与应
用，2014（06）：113.

[28] 黄琬琰. 600V 超结 VDMOS 器件的设计 [D]. 成都：电子科技大学，2017.

[29] U. K. Mishra，P. Parikh，Yi – Feng Wu. AlGaN/GaN HEMTs – an overview of device
operation and applications [C]. Proceedings of the IEEE，2002，90（6）：1022 –1031.

[30] Y. Okamoto et al. Improved power performance for a recessed – gate AlGaN – GaN het-
erojunction FET with a field – modulating plate [J]. IEEE Transactions on Microwave
Theory and Techniques，2004，52（11）：2536 – 2540.

[31] R. Chu et al. 1200 – V Normally Off GaN – on – Si Field – Effect Transistors With Low
Dynamic on – Resistance [J]. IEEE Electron Device Letters，2011，32（5）：632 –
634.

[32] N. Ikeda et al. GaN Power Transistors on Si Substrates for Switching Applications [C].
Proceedings of the IEEE，2010.

[33] Xiucheng Huang，Zhengyang Liu，Qiang Li，et al. Evaluation and Application of 600V
GaN HEMT in Cascode Structure [J]. IEEE，2013，Virginia Polytechnic Institute
and State University Blackburg，USA.

[34] Ikeda Nariaki，Niiyama Yuki，Kambayashi Hiroshi，et al. Gan Power Transistors on
Si Substrates for Switching Application [J]. Proceeding of the IEEE，2010，98（7）：

1151 – 1161.

[35] Huang Xiucheng, Liu Zhengyang, Li Qiang, et al. Evaluation and Application of 600v Gan Hemt in Cascode Structure [C]. Porceeding of the 2013 Twenty – Eighth Annual IEEE Applied Power Electronics Conference and Expositon（APEC），2013.

[36] 孙彤. 氮化镓功率晶体管应用技术研究 [D]. 南京：南京航空航天大学，2015.

[37] 崔梅婷. GaN 器件的特性及应用研究 [D]. 北京：北京交通大学，2015.

[38] 张雅静. 面向光伏逆变系统的氮化镓功率器件应用研究 [D]. 北京：北京交通大学，2015.

[39] 王毅. 功率 MOSFET 的失效分析及其驱动设计 [D]. 武汉：武汉理工大学，2014.

[40] 李艳，张雅静，黄波，等. Cascode 型 GaN HEMT 输出伏安特性及其在单相逆变器中的应用研究 [J]. 电工技术学报，2015，30（14）：295 – 303.

[41] TPH3006PS Datasheet. Available：http：//www. transphormusa. com/wp – content/uploads/2016/04/TPH3006PS – v35. pdf

[42] IPX60R160C6 Datasheet. Available：https：//www. infineon. com/dgdl/Infineon – IPA60R 160C6 – DS – v02 _ 03 – EN. pdf? fileId＝db3a304323b87bc20123f059d1e040c1

[43] 陈功. 大功率 IGBT 串并联技术研究 [D]. 长沙：湖南大学，2014.

[44] 刘磊. IGBT 串联均压技术的研究 [D]. 南京：南京航空航天大学，2009.

[45] 宋成宝. 高压大容量 IGBT 串联动态均压技术研究 [D]. 北京：华北电力大学，2013.

[46] 余伟，罗海辉，邓江辉，等. 大功率 IGBT 器件并联均流研究 [J]. 大功率变流技术，2017（05）：46 – 50.

[47] 马龙昌，张东辉，杨光，等. IGBT 并联应用技术研究 [J]. 大功率变流技术，2015（02）：35 – 39.

[48] 肖雅伟. IGBT 功率模块并联技术研究 [D]. 杭州：浙江大学，2015.

[49] 李永东，王琛琛. 大容量多电平变换器拓扑研究及其最新进展 [J]. 自动化博览，2009，26（04）：16 – 21＋57.

[50] 彭方正，钱照明，罗吉盖斯，等. 现代多电平逆变器拓扑 [J]. 变流技术与电力牵引，2006（5）：6 – 11.

[51] Nabae A，Takahashi I，Akagi H. A New Neutral – Point – Clamped PWM Inverter [J]. IEEE Transactions on Industry Application，1981，ia – 17（5）：518 – 523.

[52] 许湘莲. 基于级联多电平逆变器的 STATCOM 及其控制策略研究 [D]. 武汉：华中科技大学，2006.

[53] Marquardt Rainer，Lesnicar Anton，Hildinger Jurgen. *Modulares Stromrichterkonzept* für *Netzkupplungsanwen* düngen *bei hohen* Spannungen [C]. ETG – Fachtagung，Bad Nauheim，2002.

[54] 孙浩，杨晓峰，支刚，等. CPS – SPWM 在模块组合多电平变换器中的应用 [J]. 北京交通大学学报，2011，35（5）：131 – 136.

[55] 李建林. 载波相移级联 H 桥型多电平变流器及其在有源电力滤波器中的应用研究 [D]. 杭州：浙江大学，2005.

[56] 徐剑飞. 多电平变换器 SVPWM 矢量发生技术研究 [D]. 合肥：合肥工业大

学，2006.

[57]　刘亚军. 三电平逆变器 SVPWM 控制策略的研究 [D]. 武汉：华中科技大学，2008.

[58]　周卫平，吴正国，唐劲松，刘大明. SVPWM 的等效算法及 SVPWM 与 SPWM 的本质联系 [J]. 中国电机工程学报，2006（02）：133－137.

第2章　智能配电网中的分布式光伏发电技术

分布式光伏发电是指在用户所在场地或附近建设运行，利用光伏组件将太阳能直接转换为电能的发电技术，以用户侧自发自用为主，多余电量可上网。它是一种新型的发电和能源综合利用方式，提倡"就近发电、就近并网、就近转换、就近使用"的原则，不仅能够有效提高同等规模光伏电站的发电量，同时还能够有效解决电力在升压及远距离传输中的损耗问题。目前，应用较为广泛的分布式光伏发电系统包括城市大型建筑的屋顶光伏系统、小型户用光伏系统以及海岛或农村等偏远地区的光伏电站。

太阳能光伏发电系统主要分为太阳能光伏发电并网系统和太阳能光伏发电独立系统两大类。太阳能光伏发电并网系统如图2-1所示，主要包括光伏阵列、直流汇流箱、直流配电柜、逆变器和交流配电柜等，另外还有光伏电站监控系统等。其运行模式是在有太阳辐射的条件下，光伏阵列将太阳能转换为电能，经过直流汇流箱集中送入直流配电柜，由逆变器逆变成交流电就近供给负载，多余或不足的电量通过联接电网来调节。图2-1所示的光伏发电并网系统更多地适用于屋顶光伏系统或光伏电站应用场景。

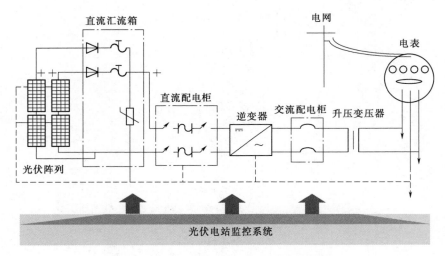

图2-1　太阳能光伏发电并网系统组成示意图

光伏系统具备安装灵活和投资成本低的特点，近年来，安装户用光伏系统的家庭也越来越多。户用并网型分布式光伏发电系统由于规模不大，无需交直流配电柜，其示意图如图 2-2 所示。

图 2-2 某户用并网型分布式光伏发电系统示意图

2.1 太阳能电池技术

2.1.1 太阳能电池基本原理

太阳能电池是太阳能发电的核心部件，其发电基本原理是光伏效应。光伏效应是指光照使不均匀半导体或半导体与金属结合的不同部位之间产生电位差的现象，以 pn 结为例，在一定条件下，当太阳光照射到由 p 型和 n 型两种不同导电类型的半导体材料构成的 pn 结上时，光能被半导体吸收后，可以在导带和价带中产生非平衡载流子——电子和空穴。在 pn 结内建电场作用下，势垒中所产生的空穴和电子做定向运动，其中，空穴不断向 p 区汇聚，电子不断向 n 区聚集，如图 2-3 所示。如此 p 区电势升高，n 区电势降低，最终在 pn 结两端形成光生电动势。在开路情况下，记所产生的光生电势差为开路电压 U_{oc}。

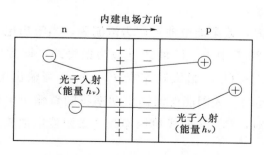

图 2-3 光生电动势示意图

光生电流，在 pn 结短路情况下，记该光生电流为短路电流 I_{sc}，如图 2-4 所示。将 pn 结与外电路构成回路，当光照射在 pn 结上，就会有电流输出。

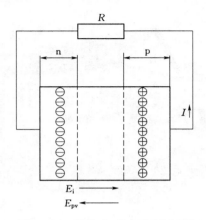

图 2-4　光伏电流产生示意图

制作晶体硅太阳能电池时，首先在 p 型硅衬底上用扩散法形成 n 型层，制成大面积的 pn 结，然后用真空蒸镀法或化学沉积法等在 n 型层上面淀积金属栅，作为正面欧姆接触电极，再在整个背面淀积金属，作为背面欧姆接触电极，形成一个晶体硅太阳电池。为了充分利用太阳能，减少反射所造成的光损失，在整个上表面镀上一层减反射膜。太阳能电池的光照上表面为 n 型层，称为顶层；基体材料为 p 型层，称为基层。根据光伏效应，太阳能电池吸收光能后，在电池的两端产生光生电压。实际应用中，将多个单体太阳能电池串并联起来，组成太阳能电池阵列，以提高整体输出功率。

2.1.2　太阳能电池基本特性

太阳能电池的输出功率取决于光照强度、光谱分布和电池表面温度等因素。在光照强度和温度一定时，太阳能电池输出特性曲线如图 2-5 所示。通常用 I-U 和 P-U 特性曲线来描述在某一确定的光照强度和温度下，太阳能电池输出电流和电压及功率的非线性关系。

当输出电压较小时，太阳能电池近似为恒流源；当输出电压较大时，太阳能电池近似为恒压源。图 2-5 中 P-U 曲线近似为抛物线，即太阳电池输出最大功率 P_m 时，最大功率点 $U_m < U_{oc}$，最大功率点 $I_m < I_{sc}$。当输出电压在 $0 \sim U_m$ 间变化时，P-U 曲线单调递增，太阳能电池输出功率将随着输出电压的下降而减小；当输出电压在 $U_m \sim U_{oc}$ 时，P-U 曲线单调递减，太阳能电池输出功率将随着输出电压的下降而增大。

环境和光照强度还会对太阳能电池输出特性产生影响，电池表面温度主要影响

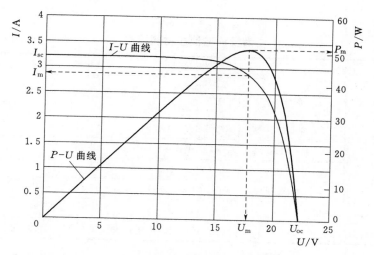

图 2-5　太阳能电池的典型输出特性曲线

开路电压，光照强度主要影响短路电流。当光照强度相同时，温度升高，太阳能电池的最大输出功率 P_m 和开路电压 U_{oc} 减小，而短路电流 I_{sc} 有所增加；太阳能电池的输出功率与光照强度成正比例，当温度相同时，光照强度增强，输出功率和短路电流 I_{sc} 增加，而开路电压 U_{oc} 几乎不变。此外，在不同的温度和光照强度下，太阳能电池都存在一个最大功率点（maximum power point，MPP），当光照强度或温度不同时，最大功率点的位置也不同。对于光伏发电系统来说，总希望太阳能电池尽可能地输出最大功率，为实现该目的所采用的控制方法被称为太阳电池最大功率点跟踪技术（maximum power point tracking，MPPT）。

太阳能电池部分关键技术参数如下：

（1）短路电流 I_{sc} 指太阳能电池通过外电路短路时流经外电路的电流。

（2）开路电压 U_{oc} 指太阳能电池在外电路开路情况下的端电压。

（3）最大功率点电流 I_m 对应于最大功率点的电流。

（4）最大功率点电压 U_m 对应于最大功率点的电压。

（5）最大功率点功率 P_m 在给定光照强度和温度下太阳能电池输出最大功率。

2.1.3　太阳能电池分类

太阳能电池是太阳能发电的核心部件，可以从结晶状态、电池基底材料以及电池制造技术等几个不同维度进行分类。太阳能电池按结晶状态可分为结晶式薄膜和非结晶式薄膜两大类，其中结晶式薄膜又分为单结晶型和多结晶型；按照材料可分为硅半导体太阳能电池、多元化合物薄膜太阳能电池、纳米晶太阳能电池、有机太阳能电池，见表 2-1。其中硅半导体太阳能电池是目前发展最成熟的，在应用中居主导地位。

表 2 - 1　　　　　　　　太阳能电池按材料分类

电 池 分 类		半导体材料	转换效率/%	备 注
硅半导体太阳能电池	晶硅	单晶硅	12~25	目前应用最为广泛
		多晶硅	10~18	
	非晶硅	SiC、SiGe、SiH、SiO	10~18	
多元化合物太阳能电池	Ⅲ-Ⅴ族	GaAs、AlGaAs、InP	18~30	应用于太空及聚光型太阳能光电系统
	Ⅱ-Ⅵ族	CdS、CdTe	10~12	
	其他	CIS、CIGS、Zn_3P_2	17~26	
纳米晶太阳能电池		TiO_2	10	新近发展
有机太阳能电池		酞菁、叶绿素、卟啉	3.5~5	应用于有机太阳能电池

太阳能电池在应用上需要解决两大难题：一是提高光电转换效率；二是降低生产成本。太阳能电池经过了几代发展历程，具体如下：

第一代为晶硅太阳能电池。单晶硅太阳能电池转换效率最高，技术也最为成熟。在实验室里最高的转换效率约为 25%，规模生产时的转换效率为 15% 左右。单晶硅太阳能电池在应用中仍然是主流，但由于成本价格高，不少公司和科研机构致力于发展多晶硅薄膜和非晶硅薄膜作为单晶硅太阳能电池的替代产品。

第二代为薄膜太阳能电池。已经产业化的主要有薄膜硅太阳能电池、铜铟硒薄膜太阳能电池（CIS）与铜铟镓硒薄膜太阳能电池（CIGS）等。多晶硅薄膜太阳能电池与单晶硅薄膜太阳能电池比较，生产成本低廉，而效率高于非晶硅薄膜太阳能电池，其实验室最高转换效率约为 18%，工业规模生产的转换效率大于 10%。铜铟硒薄膜太阳能电池适合光电转换，不存在光致衰退问题，转换效率和多晶硅薄膜太阳能电池一样，具有价格低、性能好和工艺简单等优点。不过，铟和硒都属于稀有元素，储量远低于硅材料，存在原材料供给问题。

第三代太阳能电池主要包括纳米晶太阳能电池和有机太阳能电池等。纳米晶太阳能电池优点在于其成本低廉、工艺简单、性能稳定，其光电效率稳定在 10% 以上，成本仅为硅太阳电池的 1/10~1/5，寿命超过 20 年。有机太阳能电池以具有光敏性质的有机物作为半导体材料，通过光伏效应产生电压并形成电流。主要的光敏性质有机材料均具有共轭结构并且有导电性，如酞菁化合物、卟啉等，有机太阳能电池距离大规模应用还有待进一步发展。

几种比较常用的太阳能电池外观如图 2-6 所示。

太阳能电池的生产和研制仍然处于快速发展和性能不断提高之中，可以预见在不久的将来，更多高转换效率和低成本的太阳能电池将得到开发或者应用。

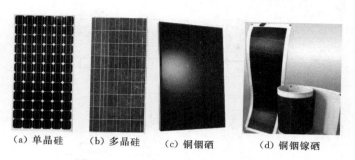

(a) 单晶硅　　(b) 多晶硅　　(c) 铜铟硒　　　(d) 铜铟镓硒

图 2-6　几种常用太阳能电池外观

2.2　光伏发电并网系统的体系结构

光伏发电并网系统的体系结构主要包括光伏逆变器的拓扑结构和光伏逆变器的组合方式。其中，光伏逆变器是连接光伏阵列模块和电网的关键部件，其拓扑结构设计主要考虑的因素有成本、效率、可靠性、安全性等，一直是该领域的研究热点之一。

2.2.1　光伏逆变器拓扑结构

2.2.1.1　传统中央光伏逆变器分类

根据是否含有 DC/DC 变换器，可将光伏逆变器的拓扑结构分为 DC/DC 变换器和无 DC/DC 变换器两大类；根据有无隔离变压器，可再细分为有隔离变压器和无隔离变压器两类；此外，根据隔离变压器所放置的位置，还可分为隔离变压器在低频侧和在高频侧两类，如图 2-7 所示。

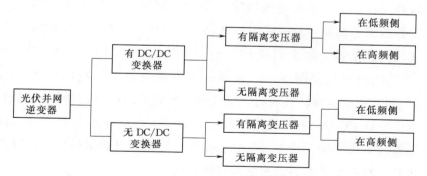

图 2-7　光伏逆变器的拓扑结构分类

从功率变换级数来看，光伏逆变器可分为单级式、双级式和多级式等。单级式光伏逆变器主电路仅由一个 DC/AC 逆变器构成，无 DC/DC 变换环节，如图 2-8 所示。

单级式光伏逆变器直接将直流转换为交流，虽然具有成本低、鲁棒性强的优

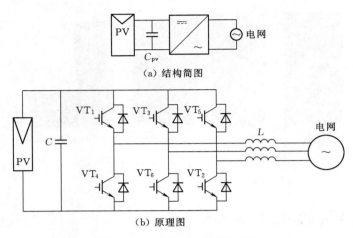

（a）结构简图

（b）原理图

图 2-8　单级式光伏逆变器

点，然而由于其结构简单，因此存在典型固有缺点如下：

（1）需要较高的直流输入，可靠性较低。当直流输入较低时，需采用工频交流变压器升压，使得成本提高。

（2）对于 MPPT 没有独立的控制操作，影响了系统整体输出功率。

（3）结构不够灵活，扩展性差，无法适应光伏阵列直流输入的多变性。

双级式光伏逆变器由 DC/DC 变换器和 DC/AC 逆变器组成，是目前实际应用最为广泛的拓扑，如图 2-9 所示。双极式结构基本原理是将光伏组件输出的直流电压通过 Boost 电路抬升，再通过逆变环节变换为交流电并网。在 DC/DC 变换环节中，完成直流升压和 MPPT 功能，使得光伏阵列可以工作在一个较宽的电压范围，从而电池组件的配置更加灵活。在 DC/AC 逆变环节，完成交流电流控制和直流母线电压稳定控制。通常在逆变器输出端还会配置一个 LCL 型滤波器，以进一步降低逆变器的输出谐波。双级式拓扑具有结构简单、控制功能分解等优点。

多级式光伏逆变器一般由高频 DC/AC 环节、高频变压器、AC/DC 环节以及 DC/AC 环节共同组成，如图 2-10 所示。太阳能电池组件输出的直流电经高频 DC/AC 环节和高频变压器转换为高频交流电，再通过高频 AC/DC 环节提升直流电压等级，后由工频 DC/AC 环节完成逆变。多级含高频变压器的光伏逆变器相比较带工频变压器的单级结构，功率密度显著提高，逆变器空载损耗也相应降低，整机效率得到提升，然而此类电路结构显得有些冗杂。

2.2.1.2　微型光伏逆变器

微型光伏逆变器由 DC/DC 变换和逆变环节两部分组成。图 2-11（a）给出了微型光伏逆变器 DC/DC 环节的一些常见电路拓扑，在低压大电流应用场合还会选

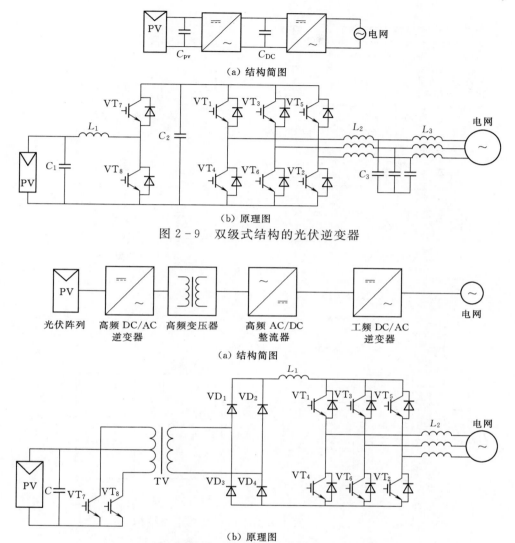

（a）结构简图

（b）原理图

图 2-9　双级式结构的光伏逆变器

（a）结构简图

（b）原理图

图 2-10　多级带高频变压器结构的光伏逆变器

择推挽式结构。从功率器件承受的电压应力角度看，桥式电路只有推挽电路的一半，比较适合用在一些电压等级比较高的场合，但所需的功率开关管会更多。图 2-11（b）所示为微型光伏逆变器的 DC/AC 逆变环节电路，通常采用全桥型或半桥型结构，半桥型结构较为简单，但是电压利用率不高，输出相同功率时，半桥型的输入电流值是全桥型的两倍。

目前，国内外微型光伏逆变器市场占有率较高的企业主要有 Enphase 公司、SolarEdge 公司、SMA 公司以及阳光电源有限公司等，逆变器的效率超过了 95%。本节选用结构比较简单的反激式微型光伏逆变器进行介绍，包括反激式变换器、周波变换器和输出滤波器等，如图 2-12 所示，集成了 MPPT、高频隔离、工频逆变

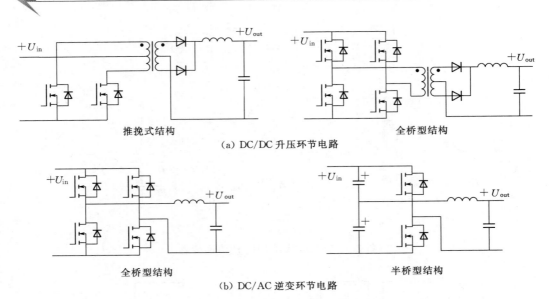

（a）DC/DC 升压环节电路

（b）DC/AC 逆变环节电路

图 2 - 11　微型光伏逆变器的电路拓扑

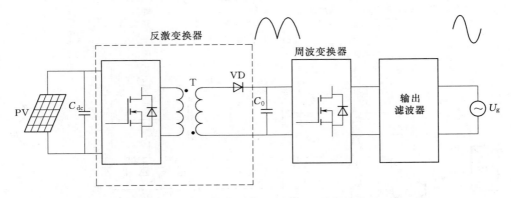

图 2 - 12　反激式微型光伏逆变器电路结构

和单位功率因数并网等功能。

　　在实际使用时，往往采用交错并联技术，多个并联的反激式微型逆变器进行交替工作，不但可以减小输出电流波动，缩小滤波器尺寸，还可以提高逆变器功率等级和可靠性。以双路交错反激式微型光伏逆变器为例，如图 2 - 13 所示，双路反激式微型光伏变换器的调制波相同，载波相差 180°，实现交错输出。

　　图 2 - 13 中反激式微型光伏逆变器主要由前级反激变换器和后级逆变器两部分组成。前级反激变换器主要部件包括：输入解耦电容 C_{in}，两个反激变压器 T_1、T_2，有源钳位电容开关管 S_{a1}、S_{a2}，主开关管 Q_1、Q_2，以及整流二极管 VD_1、VD_2；后级逆变电路是由 4 个晶闸管 S_1、S_2、S_3、S_4 所组成的全桥电路。太阳能电池输出的直流电，交错并联反激式变换器后变成正弦半波，再经过后级换向桥后逆

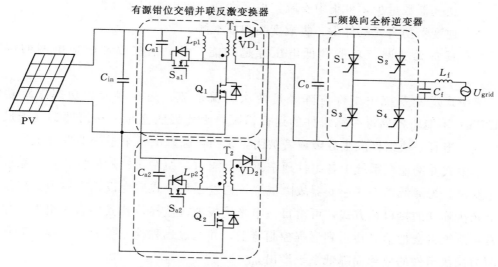

图 2－13　两路交错反激式微型光伏逆变器并联电路拓扑

变为正弦波并网。

2.2.2　光伏逆变器的组合方式

　　在不同功率等级应用场景下，光伏逆变器的组合方式有较大区别，主要分为三类：面向大型电站级的集中式逆变；面向组件级的组串式或多组串式逆变；光伏组件集成式逆变。

2.2.2.1　集中式逆变

　　集中式逆变一般用于大型光伏发电站（额定功率＞500kW）的系统中，光伏组串被连到同一台集中逆变器的直流输入端，如图 2－14 所示。集中式逆变器的主要优势有：

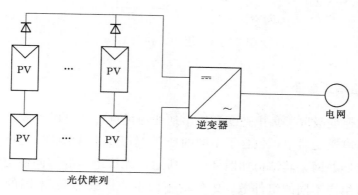

图 2－14　集中式逆变结构

（1）逆变器数量少，可集中安装，稳定性好，便于管理与维护。

（2）逆变器功率元器件少、集成度高和成本低。

（3）具备无功调节功能和低电压穿越功能，可灵活接收和响应电网的调度指令。

集中式逆变系统中组件方阵经过两次直流汇流，逆变器最大功率跟踪功能（MPPT）不能监控到每一路组件的运行情况，因此无法使每一路组件都处于最佳工作点，当有一块组件发生故障或者被阴影遮挡，会影响整个系统的发电效率。此外，集中式并网逆变系统中各组件通常无冗余能力，如发生故障停机，整个系统将停止发电。为降低集中式逆变器故障概率，通过在集中式逆变设计方案中另外添加一个光伏阵列的接口箱方式，可对每一串光伏板进行监控，若其中有一组串工作不正常，系统将会把信息传送到远程控制器上，并通过远程控制停止该组串，确保不会因为光伏组件的故障而降低系统产出。

2.2.2.2　组串式逆变

组串式逆变结构如图 2-15 所示，每个光伏组串（额定功率 1～5kW）连接一个逆变器，多应用于较大型光伏电站，其不受组串间模块差异和遮影的影响，同时减少了光伏组件最佳工作点与逆变器不匹配的情况，增加了系统的可靠性。最近的研究方向为几个逆变器组成一个"智能互联单元簇"来代替传统的"主—从"控制概念，使得系统的可靠性又得到提高。

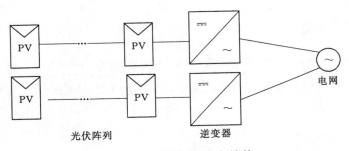

图 2-15　组串式逆变结构

2.2.2.3　多组串式逆变

多组串式逆变吸取了集中逆变和组串逆变的优点，可应用于数百千瓦的光伏发电站。在多组串逆变器中，包含了不同的独立 MPPT 和 DC/DC 变换器，并通过一个共同的逆变器并网，其结构如图 2-16 所示。光伏组串的不同额定值（如：不同额定功率、每组串不同的组件数、组件的不同生产厂家等）、不同的尺寸或不同材料的光伏组件、不同安装朝向和不同倾角的光伏组串都可以被连接在共用 DC/AC

逆变器上，且每一组串都工作在它们各自最大功率峰值上。同时，可通过缩短直流电缆的长度，将组串间的遮影影响和因组串间的差异而引起的损耗进一步降低。

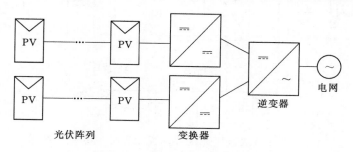

图 2-16 多组串式逆变结构

2.2.2.4 集成式逆变

集成式逆变是将每个光伏组件与一个逆变器进行模块集成，因此每个组件含一个独立的 MPPT，使得组件与逆变器的协调控制效果更好，如图 2-17 所示。集成式逆变通常在数千瓦及以下的小型光伏发电单元中使用最为广泛，如玻璃幕墙中，其总效率低于组串式逆变器。由于最后是在交流处并联，增加了交流侧连线的复杂性，应注意灵活选取并网方式。

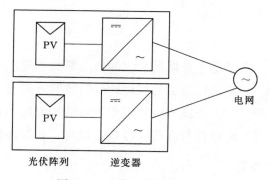

图 2-17 集成式逆变结构

2.3 分布式光伏发电的并网控制技术

光伏逆变器的并网控制技术主要包括并网电流控制技术、MPPT 技术、孤岛检测技术以及低电压穿越技术等。以双级式光伏逆变器为例，其控制系统如图 2-18 所示。前级 DC/DC 变换器主要实现 MPPT 和直流电压抬升，后级 DC/AC 环节主要实现并网控制。

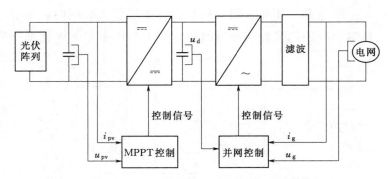

图 2-18 双级式光伏并网逆变器控制系统框图

2.3.1 并网电流控制技术

逆变器的并网电流控制其实就是一种跟踪控制，它决定着逆变器输出的波形电能质量和系统整体运行效率。针对光伏逆变器的并网电流控制主要分为基于经典控制理论和基于现代控制理论方法两类。

1. PID 控制器（proportion integration differentiation，PID）

PID 控制方法综合利用比例、积分、微分环节对输入的信号偏差量进行调节。其中，比例环节起到放大偏差信号的作用，积分环节起到超前控制的作用，微分环节起到降低超调量的作用。

2. 无差拍控制器

无差拍控制的基本原理思想是根据系统的状态参数和输出反馈信号来计算下个采样周期的脉冲宽度。无差拍控制法与其他的反馈控制方案对比具有的优点：暂态响应性能好；波形畸变率小；降低了负载的变化对输出电压相位所造成的影响。其缺点在于在非线性负载、电路参数或环境参数变化时，系统鲁棒性不强。

3. 滑模变结构控制器

滑模变结构控制是一种非线性的控制方法，其基本思想是利用某种不连续的开关算法来强迫系统状态变量沿着某一设计好的滑模面进行滑动。因此，滑模变结构控制的最大优点是可以对系统的各项参数进行变化并对外部的扰动不太敏感。然而，对于逆变电源的控制系统来说，确定一个理想的滑模面可不是一件容易的工作。

4. 模糊控制器

模糊控制属于智能控制方法的范畴，其最大的优点就是完全不依赖于系统的数学模型。模糊控制是控制理论发展的高级产物，主要用来处理那些对象不确定性和非线性较高的问题。

5. 重复控制器

重复控制是基于控制理论中的内模原理，基本原理是假定本周期出现的波形畸变会在下个周期同一时刻重复出现。控制器将确定的校正信号在下个周期的同一时间叠加到原控制信号上，以消除重复性畸变。重复控制对指令和扰动信号均设了一个内模，因此可达到输出无静差，但缺点是动态响应特性较差。

图 2-19 给出基于 PI 控制器的光伏并网闭环控制策略，内环为电流的 PI 控制，外环为电压的 PI 控制，并结合 MPPT 生成内环电流参考值。

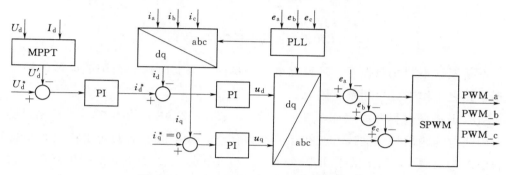

图 2-19　电压电流双闭环并网控制策略

2.3.2　MPPT 技术

太阳能电池输出特性受光照强度、环境温度、环境湿度、地域和负载等情况影响，太阳能电池特性随光照强度 R 和温度 T 的变化曲线如图 2-20 和图 2-21 所示，其中横坐标为太阳能电池输出电压，纵坐标为输出功率。

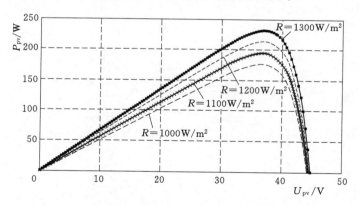

图 2-20　太阳能电池输出特性随光照强度的变化曲线

太阳能电池在某一输出电压值时，输出功率才能达到最大值，即当前条件下的 P-U 曲线最高点，称之为最大功率点。为最大限度地让太阳能电池输出最大功率，

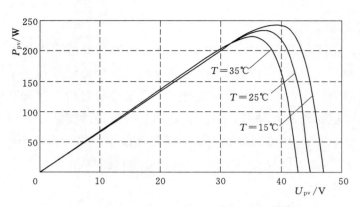

图 2 - 21　太阳能电池输出特性随温度的变化曲线

需要不断根据不同光照强度、环境温度等外部因素来实时调整太阳能电池的输出工作点，使之工作于最大功率点附近。

　　MPPT 控制过程及原理如图 2 - 22 所示，图 2 - 22 中有两条在不同光照强度下的太阳能电池输出特性曲线。在初始光照条件下，太阳能电池的输出特性为曲线 1，负载曲线为负载 1，系统的工作点运行在最大功率点 A_1。随着光照强度减弱，太阳能电池的输出特性降为曲线 2。如果保持负载 1 不变，系统的工作点会移动，运行在 A_2 点，偏离该光照强度下的最大功率点 B_1。若想使太阳能电池系统运行在新条件下的最大功率点 B_1，就应将负载 1 改为负载 2。同理，如果系统稳定工作在最大功率点 B_1 后，光照强度变强，使得太阳能电池的输出特性由曲线 2 又回升至曲线 1，则系统的工作点相应地会由 B_1 变化到 B_2。则需要把负载 2 改回至负载 1，以使系统在光照强度增强的情况下运行于新条件下的最大功率点 A_1。上述往返跟踪过程，称之为 MPPT 控制。

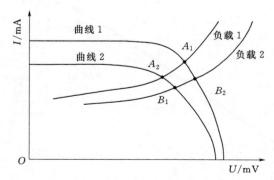

图 2 - 22　可变光照强度下工作
的太阳能电池输出特性

　　经典的 MPPT 控制法主要有干扰观察法、电导增量法、模糊逻辑控制、神经元网络控制法等，以及一些改进得到的方法，如改进型干扰观察法和变步长电导增量法等。其中干扰观察法和电导增量法较为常用。

干扰观察法的基本原理是通过扰动太阳能电池的输入电压或电流，然后测量太阳能电池输出功率的变化，对比扰动前后的输出功率的大小，确定对输入电压或电流的进一步扰动方向，直到太阳能电池工作在最大功率点为止。采用该方法不可避免地在太阳能电池最大功率点附近频繁扰动，故又会引入变步长控制方式，以减少峰值点的扰动频次和提高算法的跟踪速度。干扰观察法的 MPPT 跟踪流程如图 2-23 所示。

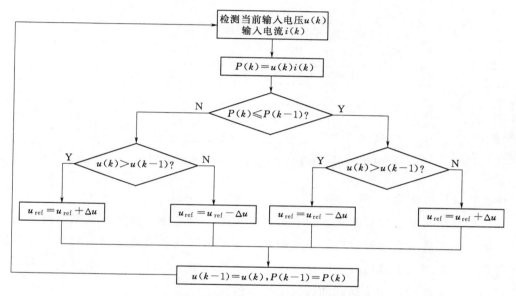

图 2-23 干扰观察法的 MPPT 跟踪流程图

电导增量法拥有比较稳定的控制性能，其基本控制思想是最大功率点处 $dP/dU=0$。太阳能电池输出功率随着电压的变化而变化，在最大功率点的两侧，功率变化量和电压变化量的比值数值符号是相反的，到达最大功率点时，停止最大功率跟踪。在工程应用时，可以近似用 $\Delta I/\Delta U$ 来代替 dI/dU。电导增量法的 MPPT 跟踪流程如图2-24所示。当外界环境发生变化时，也能够平稳地实现最大功率跟踪控制。

2.3.3 孤岛检测技术

当电网因故障或维修而突然断电时，此时光伏并网系统与负载处于一个不受电力公司控制的"供电孤岛"状态，对电网检修人员或者用户构成安全威胁。当电力系统恢复运行时，逆变器输出电压与电网电压之间也会因为停电期间的异步运行而存在相位差，影响电力系统重合闸的成功率，因此光伏并网系统必须具备发现孤岛

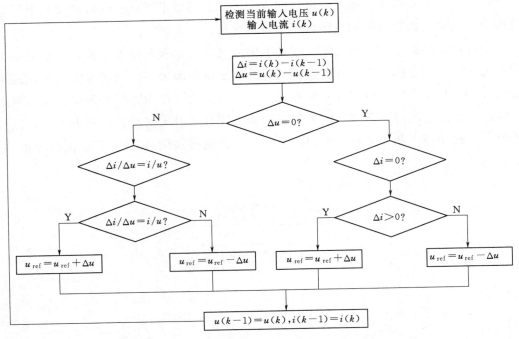

图 2-24　电导增量法的 MPPT 跟踪流程图

和反弧岛运行的能力。

　　孤岛检测技术主要有两类，第一类孤岛检测主要是通过通信方式来检测孤岛效应，第二类孤岛检测是通过检测逆变器输出端电压以及输出电流是否有变化来判断孤岛效应。在第二类孤岛检测方法中，根据所检测量由系统自身产生还是来源于人为扰动，分成被动式和主动式两种。

　　被动式检测方法是指在电网断电时，通过检测逆变器输出端电压幅值、频率、相位等出现的异常情况来综合判断是否处于孤岛状态。常见的被动式孤岛检测有过/欠压和过/欠频检测法、电压谐波检测法以及电压相位突变检测法等。逆变器的被动式反孤岛方案具有不需要额外增设硬件设备和专门保护装置等优点。然而，当负载阻抗角接近零时，即负载近似呈阻性，由于所设阈值的限制，该方法将有可能失效。当逆变器的输出功率和局部电网负荷大小接近，以致局部电网电压和频率变化很小，被动式孤岛检测方法会失去孤岛效应检测能力，称之为检测盲区（Non-Detection Zone，NDZ）。

　　主动式检测方法是指定时主动给逆变器加载某一固定的信号量，如电压幅值或频率的一个定时小扰动。电网正常工作时，由于电网的钳制作用，该扰动带来的影响非常小。扰动量将在逆变器输出端快速累积并超出允许范围，从而触发系统的孤岛效应保护。主动式孤岛检测方法有输出电流扰动法、主动频率偏移法和正反馈有源频率偏移等多种，具有精度高、检测盲区小等优点，但也存在控制复杂和小幅降低逆变器输出电能质量等缺点。目前，逆变器的孤岛检测技术大都采用被动式检测与主动式检测相结合的方案。

我国的《光伏系统并网技术要求》（GB/T 19939—2005）规定光伏系统并网后的频率容许偏差为±0.5Hz，当超过该值时需在1s内完成保护动作，切断光伏系统与大电网的连接。在研究孤岛检测技术时，不需要了解逆变器的内部具体结构，仅需要关心光伏并网系统的输出特性，故可将光伏逆变系统等效为一个频率相位跟踪电网变化、输出幅值大小可调的电流源。

孤岛检测系统的等效模型如图 2-25 所示，大多数情况下，负载可以等效为 RL 形式，但是 RL 形式负载的孤岛效应比较易于检测出来。为了寻求一种更有效的检测方法，可以将负载等效为 RLC 并联谐振形式。

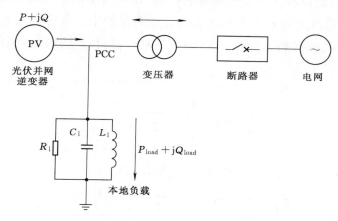

图 2-25 孤岛检测系统等效模型

有源频率偏移法（active frequency drift，AFD）是一种基于频率扰动的反孤岛策略，其原理是通过并网系统向电网注入略微畸变的电流扰动量，并呈累积改变频率之势。电网正常工作时，由于电网的钳制作用，频率不可能变化到电网允许范围之外，当电网断电后，所注入的频率扰动量会使逆变器输出电压频率变大或者变小到允许范围之外，进而检测出孤岛的发生。

带正反馈的主动频率偏移法（active frequency drift with positive feedback，AFDPF）是对 AFD 方法的改进，也称为 Sandia 频率偏移法（sandia frequency shift，SFS），其原理是对光伏逆变器的输出电压频率进行反馈控制，以加快逆变器输出电压频率偏离正常值。

带正反馈的主动频率偏移法可表示为

$$cf_k = cf_{k-1} + F(\Delta\omega_k) \tag{2-1}$$

其中

$$F(\Delta\omega_k)=k\Delta\omega_k$$

式中　cf_k——第 k 周期的斩波率；

　　　$\Delta\omega_k$——第 k 周期电压的采样角频率与电网角频率之间的偏差，rad/s；

　　　$F(\Delta\omega_k)$——第 k 周期电压的采样角频率与电网角频率之间的偏差的正反馈函数；

　　　k——正反馈增益。

$F(\Delta\omega_k)$ 为线性函数，当并网运行时，此算法试图加快逆变器输出的电压频率变化，然而由于电网钳制作用逆变器输出频率并不会发生明显变化；当电网断开时，微小的频率偏移量会逐渐累加，加之输出的正反馈作用，频率偏差 $\Delta\omega_k$ 会进一步增大或减小，同样 cf_k 也进一步变化，随之增大或减小，直至逆变器输出电压频率超出允许范围而触发过频保护，进而检测出孤岛。

AFDPF 的控制流程如图 2-26 所示，与 AFD 相比，检测孤岛速度快且检测盲区小。将 AFDPF 运用到光伏逆变器的孤岛检测保护中，可提高系统安全性能。当多台逆变器集群或者并列运行时，AFDPF 算法仍然可以实现较高的检测精确度。

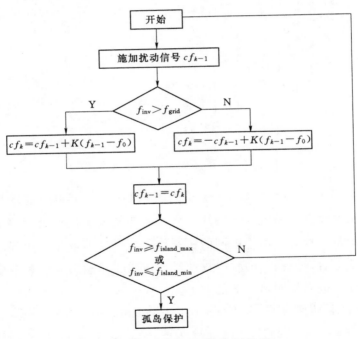

图 2-26　AFDPF 的控制流程

2.3.4　低电压穿越技术

根据《光伏发电站接入电力系统技术规定》（GB/T 19964—2012）的要求，电力部门要求光伏电站能够在电网电压波动的情况下，维持不脱网运行一定的时间，即要求光伏系统具有低电压穿越能力，见表2-2。

表 2-2 光伏电站在不同并网点电压范围内的运行规定

电压范围/p.u.	运行要求	电压范围/p.u.	运行要求
<0.9	低电压穿越的要求	$1.1 < U_T \leqslant 1.2$	应至少持续运行 10s
$0.9 \leqslant U_T \leqslant 1.1$	应正常运行	$1.2 < U_T \leqslant 1.3$	应至少持续运行 0.5s

本节对低电压穿越能力进行简要介绍，如图 2-27 所示，具体要求如下：

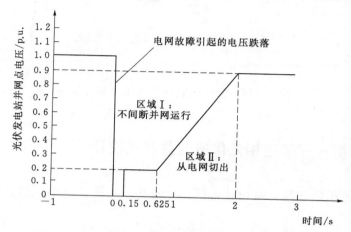

图 2-27 光伏电站需满足的低电压穿越要求规则

（1）光伏发电站并网点（对含有变压器升压的光伏电站，指升压站高压侧母线或节点；对无变压器升压的光伏发电站，指光伏发电站的输出汇总点。）电压跌落至 0 时，光伏发电站应能保持不间断并网运行 0.15s。

（2）光伏发电站并网点电压跌至区域Ⅱ范围时，光伏发电站则允许从电网切出。

新的并网接入规则规定低电压穿越期间设备必须具备动态的无功支撑能力，而无功电流的大小与电网电压跌落的幅度有关。因此，检测电网电压跌落的幅度，通过计算和综合判断后改变无功功率的给定，实时调节逆变器向电网注入的无功电流值。在满足无功支撑的前提下，此过程通过减小有功输出以保证光伏逆变器总输出电流小于装置的短时过流上限，含低压穿越控制的框图如图 2-28 所示。

其中，为保证并网电流不超过安全限定值，输出的有功、无功电流分量大小应满足

$$i_{\text{inv\_d}}^{p*} \leqslant \sqrt{(i_{\max})^2 - (i_{\text{inv\_q}}^{p*})^2} \qquad (2-2)$$

式中　$i_{\max}$——输出电流的最大限定幅值，A；

$i_{\text{inv\_d}}^{p*}$——输出的有功电流分量，A；

$i_{\text{inv\_q}}^{p*}$——输出的无功电流分量，A。

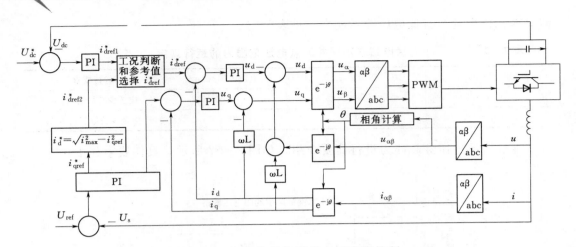

图 2-28 光伏逆变器低电压穿越控制

2.4 案例分析——某三相光伏逆变器样机设计

以某三相光伏逆变器样机设计为例，介绍其系统设计方案，包括电路拓扑和控制策略设计等。

2.4.1 方案概述

三相光伏逆变器样机设计的总体方案如下：

（1）系统结构为三相三线式，运行模式有两种可以进行切换，包括并网运行及独立运行。

（2）采用两级变换器结构，前级采用 DC/DC 变换器控制直流侧母线电压，后级为三相逆变器实现并网，逆变器输出滤波器采用 LCL 结构。

（3）控制策略：并网控制采用电流控制，独立运行采用电压电流双闭环控制，MPPT 采用电导增量法。

（4）各级故障采用软硬件结合的多级保护方式，如过流、过压和过热保护等。

并离网型光伏逆变器设计方案的结构框图如图 2-29 所示，主要由太阳能电池、功率主电路、驱动电路、检测电路、保护电路和控制器等部分组成。

2.4.2 样机功率主电路的设计

功率主电路采用二级式变换器结构，即前级先直流升压并稳定后送入后级逆变器直流侧，后级逆变器经 LCL 滤波器并网，如图 2-30 所示。系统输入和输出端之间无变压器。

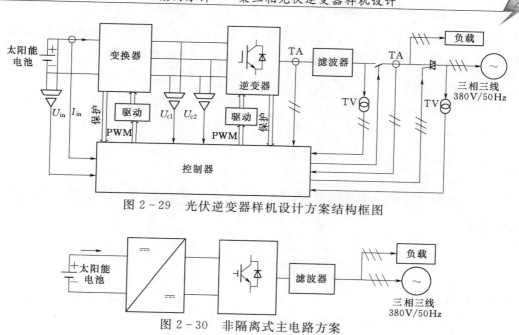

图 2-29 光伏逆变器样机设计方案结构框图

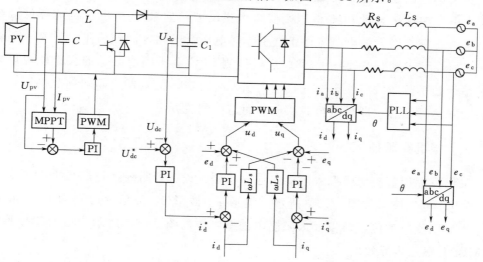

图 2-30 非隔离式主电路方案

2.4.3 样机控制策略设计

2.4.3.1 输出电压与电流控制设计

光伏并网逆变器控制目标主要有两个：一是保证直流侧母线电压的稳定；二是保证输出电流和电网电压同频同相，实现单位功率因数运行。采用电压外环和电流内环的双闭环控制，并进行电流内环前馈解耦，如图 2-31 所示。

图 2-31 光伏逆变器并网控制框图

其中，直流侧 DC/DC 变换器输出电压 U_{dc} 和给定参考电压 U_{dc}^* 比较后送入电压外环 PI 调节器，电压调节器的输出作为电流内环有功电流的给定值 i_d^*。为实现网侧单位功率因数运行，电流内环的无功电流给定值 i_q^* 此时设为零。给定值 i_d^*、i_q^* 与电网电流在 dq 坐标系下的瞬时值 i_d、i_q 相比较后，送入电流内环 PI 控制器，通过前馈解耦合坐标变换后再得到三相 PWM 调制及驱动信号。

2.4.3.2　MPPT 设计

采用电导增量控制法来实现 MPPT，将电导增量控制法逻辑判断式，$dP/dU = 0$ 改写为

$$\frac{dP}{dU} = \frac{d(IU)}{dU} = I + U\,\frac{dI}{dU} = 0 \qquad (2-3)$$

整理后可得

$$\frac{dI}{dU} = -\frac{I}{U} \qquad (2-4)$$

式中　dI——增量前后检测到的电流差值；

dU——增量前后检测到的电压差值。

当增量值符合式（2-4）要求时，表示已达到最大功率点。

2.4.3.3　孤岛效应检测及保护设计

采用频率偏移法和电压偏移法两种内部有源方法相结合来实现对孤岛效应的检测。频率偏移法是对逆变器输出电流注入微小的畸变，然后检测 PCC 电压频率的异常；电压偏移法是对 PCC 电压幅值运用正反馈，如果 PCC 电压幅值降低则减小输出电流，反之增大输出电流，正常工作时电压受电网控制幅值不会异常，孤岛效应产生时会使 PCC 电压幅值偏移，通过检测 PCC 电压幅值波动的大小就可以判断系统是否处于孤岛效应状态。一旦检测出孤岛效应，控制器关断双向晶闸管，系统转为独立运行状态，即只对负载供电，而与电网脱开。

2.4.4　样机实验研究

采用可编程直流源模拟太阳能电池，按照预设 PV 曲线运行的最大功率点 DC/DC 的电压电流波形如图 2-32 所示，波形 1、波形 2、波形 3 分别为 DC/DC 输出电压、太阳能电池侧电流以及太阳能电池侧电压。图 2-33 所示为后台监控系统中的 MPPT 跟踪运行效果。

图 2-34 为光伏逆变器并网波形，波形 1 为相电压波形，波形 2 为并网相电流波形。

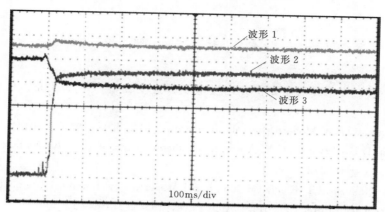

图 2-32 MPPT 运行波形

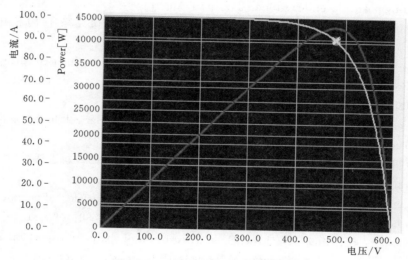

图 2-33 MPPT 跟踪运行效果

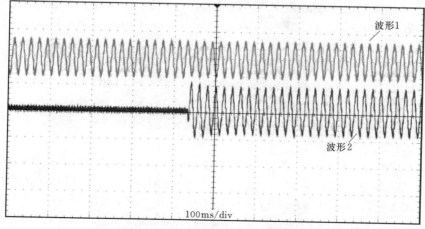

图 2-34 光伏逆变器并网波形

参 考 文 献

［1］ 张兴，曹仁贤. 太阳能光伏并网发电及其逆变控制 ［M］. 北京：机械工业出版社，2010.

［2］ Katsuhiko Ogata. Modern control engineering ［M］. 北京：电子工业出版社，2017.

［3］ Carlson D E，Wronski C R. Amorphous silicon solar cell ［J］. Appl Phys Lett，1976，28 (11)：671－673.

［4］ Ito K，Nakazawa T. Electrical and optical properties of stannite－type quaternary semiconductor thin films ［J］. Jpn J Appl Phys，1988，27：2094－2097.

［5］ Moriya K，Tanaka K，Uchiki H. Fabrication of Cu_2ZnSnS_4 thin－film solar cell prepared by pulsed laser deposition ［J］. Jpn J Appl Phys，2007，46 (9)：5780－5781.

［6］ 张晓伟，韩文浩，徐玉刚，等. 铜锌锡硫薄膜太阳电池研究综述 ［J］. 电源技术，2017 (11)：1667－1670.

［7］ Fisher H，Pschunder W. Investigation of Photon and Thermal Induced Changes in Silicon Solar Cells ［C］// Photo voltaic Specialists Conference，Conference Record of the Tenth IEEE，1973：404－411.

［8］ O'regan B，GR Atzel M. A low－cost，high－efficiency solar cell based on dye－sensitized colloidal TiO_2 films ［J］. Nautre，1991，353：737－740.

［9］ 杨少鹏，孔伟光，杨启满. 有机太阳电池电极修饰及结构的最新进展 ［J］. 光电子技术，2011 (4)：217－225.

［10］ Koster L J A，Mihailetchi V D，Blom P W M. Ultimate efficiency of polymer/fullerene bulk heterojunction solar cells ［J］. Appl Phys lett，2006，88：093511.

［11］ Pivrikas A，Sariciftci N S，Juska G. et a1. A review of charge transport and recombination in polymer/fullerene organic solar cells ［J］. Prog Photovohaics. 2007，15 (8)：677－696.

［12］ A Trubitsyn，B J Pierquet，A K Hayman，et al. High－efficiency inverter for photovoltaic applications ［J］. IEEE Energy Conversion Congress and Exposition，2010：2803－2810.

［13］ Ouyang J，Xia Y. High－performance polymer photovoltaic cells with thick P3HT：PCBM films prepared by a quick drying process ［J］. Sol Energy Mater Sol Cells，2009，93 (9)：1592－1597.

［14］ GB/T 19964—2012. 光伏发电站接入电力系统技术规定 ［S］. 北京：中国标准出版社，2012.

［15］ GB/T 19939—2005. 光伏系统并网技术要求 ［S］. 北京：中国标准出版社，2005.

［16］ P M Bhagwat，V R Stefanovic. Generalized Structure of a Multilevel PWM Inverter ［J］. IEEE Transactions on Industry Applications，1983，IA－19 (6)：1057－1069.

［17］ Kjaer S B，Blaabjerg F. Design optimization of a single phase inverter for photovoltaic applications ［C］// Power Electronics Specialist Conference，2003，3：1183－1190.

［18］ 贝太周. 分布式光伏并网系统关键问题研究［D］. 天津：天津大学，2016.

［19］ 程丽. 改善电能质量的光伏逆变器的关键技术研究［D］. 广州：华南理工大学，2016.

［20］ 张兴，李俊，赵为，等. 高效光伏逆变器综述［J］. 电源技术，2016，40（04）：931－934.

［21］ Amjad Ali. 直流微网下适用于光伏系统的电导增量最大功率点跟踪优化技术研究［D］. 杭州：浙江大学，2016.

［22］ 陈堃. 光伏并网逆变器若干关键技术研究［D］. 武汉：武汉大学，2014.

［23］ 孙博. 基于改进型准Z源的光伏并网发电系统关键技术研究［D］. 南京：东南大学，2015.

［24］ 李明，易灵芝，彭寒梅，等. 光伏并网逆变器的三环控制策略研究［J］. 电力系统保护与控制，2010，38（19）：46－50.

［25］ 孙玉坤，孙海洋，张亮. 中点箝位式三电平光伏并网逆变器的三单相 Quasi－PR 控制策略［J］. 电网技术，2013，37（9）：2433－2439.

［26］ 张杰，陈道炼，江加辉，等. 新颖的三相 Boost 型光伏并网逆变器［J］. 中国电机工程学报，2017，37（8）：2328－2339.

［27］ 韩金刚，朱瑞林，汤天浩，等. LCL 型并网逆变器并网电流复合控制研究［J］. 太阳能学报，2014，35（09）：1599－1606.

［28］ 王久和，慕小斌，张百乐，等. 光伏并网逆变器最大功率传输控制研究［J］. 电工技术学报，2014，29（6）：49－56.

［29］ Esram T，Chapman P L. Comparison of photovoltaic array maximum power point tracking techniques［J］. IEEE Transactions on Energy Conversion，2007，22（2）：439－449.

［30］ Pandey A，Dasgupta N，Mukerjee A K. High－performance algorithms for drift avoidance and fast tracking in solar MPPT system［J］. IEEE Transactions on Energy Conversion，2008，23（2）：681－689.

［31］ Altas I H，Sharaf A M. A novel on－line MPP search algorithm for PV arrays［J］. IEEE Transactions on Energy Conversion，1996，11（4）：748－754.

［32］ Hussein K H，Muta I，Hoshino T，Osakada M. Maximum photovoltaic power tracking：an algorithm for rapidly changing atmospheric conditions［J］. IEEE Proceedings－Generation，Trans－mission and Distribution，1995，142（1）：59－64.

［33］ Wilamowski B M，Xiangli. Fuzzy system based maximum power point tracking for PV system［C］// Sevilla，Spain：IEEE Conference of the Industrial Electronics Society. 2002：3280－3284.

［34］ Khaehintung N，Sirisuk P. Implementation of maximum power point tracking using fuzzy logic controller for solar－powered light—flasher applications［C］// Hiroshima，Japan：The 47th IEEE Midwest Symposium on Circuits and Systems，2004：171－174.

［35］ Hiyama T，Kouzuma S，Imakubo T，et al. Evaluation of neural network based real time maximum power tracking controller for PV system［J］. IEEE Transactions on

Energy Conversion，1995，10（3）：543－548.

[36] Hiyama T，Kitabayashi K. Neural network based estimation of maximum power generation from PV module using environmental information［J］. IEEE Transactions on Energy Conversion，1997，12（3）：241－247.

[37] 刘青，高金峰，陶瑞，等. 三相光伏并网系统的控制技术研究［J］. 电源技术，2014，38（7）：1298－1301.

[38] 屈艾文，陈道炼，苏倩. 新颖的单级三相电压型准 Z 源光伏并网逆变器［J］. 中国电机工程学报，2017，37（7）：2091－2101.

[39] 曹笃峰. 光伏逆变器并网稳定控制与防孤岛保护技术研究［D］. 北京：北京交通大学，2016.

[40] 曹笃峰，张颖，赵勇，等. 光伏并网逆变器零电压穿越控制技术研究［J］. 太阳能学报，2016，37（2）：366－372.

[41] 郑飞，张军军，丁明昌. 基于 RTDS 的光伏发电系统低电压穿越建模与控制策略［J］. 电力系统自动化，2012（22）：19－24.

[42] 张明光，陈晓婧. 光伏并网发电系统的低电压穿越控制策略［J］. 电力系统保护与控制，2014（11）：28－33.

[43] 杨新华，汪龙伟，吴丽珍，等. 可降低母线电压波动的两级式光伏发电系统低电压穿越策略［J］. 可再生能源，2015（6）：827－833.

[44] 丰立. 光伏发电系统低电压穿越技术研究［D］. 武汉：华中科技大学，2015.

[45] 陈亚爱，刘劲东，周京华，等. 光伏并网发电系统的低电压穿越技术［J］. 电源技术，2014（6）：1095－1098.

[46] 魏承志，刘幸蔚，陈晓龙，等. 具有低电压穿越能力的光伏发电系统仿真建模［J］. 电力系统及其自动化学报，2016（10）：67－73.

[47] 王继东，张小静，杜旭浩. 光伏发电与风力发电的并网技术标准［J］. 2011，31（11）：17.

[48] 董密，罗安. 光伏并网发电系统中逆变器的设计与控制方法［J］. 电力系统自动化，2006（20）：97－102.

[49] S A Singh，G Carli，N A Azeez，et al. Modeling，design，control，and implementation of a modified Z－source integrated PV/grid/EV DC charger/inverter［J］. IEEE Transactions on Industrial Electronics，2018，65（6）：5213－5220.

[50] 周阿毛. 高性能微型光伏并网逆变器研究［D］. 南京：南京工程学院，2013.

[51] 裴谦. 含储能的三相 T 型三电平光伏并网逆变器研究［D］. 南京：南京工程学院，2014.

[52] 孙海洋. NPC 三电平光伏并网逆变器及三单相 Quasi－PR 控制的研究［D］. 镇江：江苏大学，2014.

第3章 智能配电网中储能技术的应用

电力存储技术突破了传统电能即发即用的特点，可适用于多种应用领域，以解决传统方法难以解决的问题。储能技术作为一门关键支撑技术，目前已经在新能源发电、智能电网、工业和家庭用户等场合得到初步应用。世界上很多国家规划和建设了示范工程，并制定了相关支撑政策，有力地推动了储能技术的快速发展。近年来，分布式新能源大量接入配电网，其接入点的随机性和出力的不确定性给配电网的规划运营带来了新挑战。与此同时，随着负荷快速增长，峰谷差不断增大，城乡配电网"标准低、联系弱、低电压"等问题日益突出，负荷需求响应作为一种调节手段，在一定程度上可以缓解上述问题，但是要从根本上解决，还需要引入储能技术。

随着储能技术的进步、成本的降低，分布式储能在电力系统中的广泛应用是未来电网发展的必然趋势，也是突破传统配电网规划运营方式的重要途径。2015年3月，《中共中央　国务院关于进一步深化电力体制改革的若干意见》（中发〔2015〕9号），明确提到鼓励储能技术的应用来提高能源使用效率；2016年3月，《中华人民共和国国民经济和社会发展第十三个五年规划纲要》中八大重点工程提及储能电站、能源储备设施，重点提出要加快推进储能等技术研发应用。各企业单位也在积极开展储能系统建设并探索储能商业化运营模式，如国网江苏省电力有限公司规划到2020年江苏省内储能累计容量达到1000 MW。江苏镇江电网侧储能电站工程已于2018年7月正式并网投运，该储能电站总功率为101MW，总容量为202MW·h，是全球迄今为止功率最大的电池储能电站项目。

分布式储能安装地点灵活，与集中式储能比较，减少了集中储能电站的线路损耗和投资压力，但相对于大电网的传统运行模式，目前的分布式储能接入及出力具有分散布局、可控性差等特点。从电网调度角度而言，尚缺乏有效的调度手段，如任其自发运行，相当于接入一大批随机性的扰动电源，其无序运行无助于电网频率、电压和电能质量的改善，也造成了储能资源的较大浪费。在配电网中合理地规划储能系统，并调控其与分布式电源和负荷协同运行，不但可以通过削峰填谷应用起到降低配电网容量的作用，还可以弥补分布式储能出力随机性对电网安全和经济运行的负面影响。进一步，通过多点分布式储能形成规模化汇聚效应，积极有效地面向电网高级应用，参与电网调峰、调频和调压等辅助服务，将有效提高电网安全水平和运行效率。

3.1　电池储能技术

储能系统主要由电池本体和储能变流器（power conversion system，PCS）构成，其中核心是电池本体，它决定了储能系统整体的使用效能和性价比。电池本体技术主要分为电化学储能、飞轮储能、压缩空气储能、熔融盐蓄热和氢储能等多种技术形式。随着智能配电网技术发展和地区电网配网自动化系统建设水平不断提高，锂离子电池、液流电池、铅炭电池、超级电容和飞轮等储能电池在智能配电网中得到了一些应用。

3.1.1　电池本体技术

本小节重点介绍锂离子电池、全钒液流电池、铅炭电池、超级电容器和飞轮等已商业化应用的储能电池技术。

3.1.1.1　锂离子电池储能技术

锂离子电池是目前比能量最高的实用二次电池，其内部结构及原理如图 3-1 所示，电池由正极、负极、隔膜和电解液组成。可用作锂电池正极的材料有磷酸铁锂、锰酸锂、镍钴锰酸锂等；可用作锂电池负极的材料有钛酸锂、石墨、硬（软）碳等。

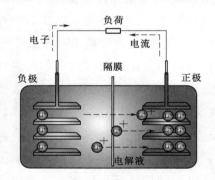

图 3-1　锂离子电池内部结构及原理
示意图

锂离子电池的主要优点包括：储能密度和功率密度高，效率高和应用范围广等。主要缺点是：安全性有待提高。

已被产业化的锂离子电池负极材料主要是石墨，由于电解液和隔膜的选择较为单一，通常根据正极材料的名称来区分锂离子电池类型。表 3-1 给出了磷酸铁锂电池、钴酸锂电池、锰酸锂电池和三元材料电池的一些性能参数。

表 3-1   常见几种锂离子电池的性能参数

性能参数	磷酸铁锂电池	钴酸锂电池	锰酸锂电池	三元材料电池
安全性	优	差	良	良
一致性	差	优	优	优
循环寿命/次	3000	500	1000	3000
比能量/$(W \cdot h \cdot kg^{-1})$	90～130	130～150	80～100	120～200
比功率/$(W \cdot kg^{-1})$	900～1300	1300～2500	1200～2000	1200～3000
充放电效率/%	≥95	≥95	≥95	≥95
最大放电倍率	10	10～15	15～20	10～15
成本/$[元 \cdot (kW \cdot h)^{-1}]$	2500～3000	3000～3500	2000	3000～3500

中国电力科学研究院有限公司（以下简称"中国电科院"）近些年在储能电池的检测评价技术、电池成组技术及并网接入、储能电池即插即用技术、用户侧储能电站建设等方面开展了应用研究和实践探索，收获了丰富经验，并且取得了一系列成果，起到了引领锂离子储能电池技术发展的作用。国内的一些知名电池生产企业也积极参与，并开展了相关研究和示范应用。

目前，锂离子电池储能除了安全隐患外，还存在寿命和成本问题。该问题在于目前用于储能示范工程的锂离子电池，仍是针对电动汽车应用的动力电池技术需求而开发的，导致电池本体性能与储能应用在寿命、成本及安全性方面的一些差距。

中国电科院提出为了实现锂离子电池在储能领域的大规模应用，必须舍弃以往专注于提高能量密度和功率密度的研发思路，转而专门开发以长寿命、低成本和高安全性为突出特征的储能电池，该观点得到国内外相关研究机构的普遍认同。

以美国和日本为代表的发达国家对于电池的发展路线进行了探索，并在实现电池的长寿命、低成本和高安全性方面取得了一定的进展，其中以零应变材料为代表的长寿命电池已悄然成为研究热点。

钛酸锂材料是目前零应变材料中最为典型的代表，基于钛酸锂负极材料的锂离子电池目前循环寿命能够达到10000次以上，但成本是磷酸铁锂电池的3～5倍。

钛酸锂电池的主要优点是寿命长、功率密度高，主要缺点是成本较高、与储能应用要求的技术经济性指标差距较大。

美国 Altairnano 公司研制的钛酸锂电池产品已经从第一代发展到了第三代，能量密度和功率密度分别从131W·h/L和1100W/kg提高到164W·h/L和1760W/kg，循环寿命已经达到12000次。美国 Altairnano 公司的钛酸锂电池已被广泛用于电动汽车和应急电源等，Altairnano 公司也逐步开始涉足储能领域，并为美国能源企业 AES 提供了能量存储系统以用于稳定电网频率。

在长寿命材料研究方面，除了钛酸锂材料，国内外还对石墨、硬碳和软碳材料进行了研究。硬碳是指难石墨化碳，是高分子聚合物的热解碳。软碳即易石墨化碳，是指在 2500℃ 以上高温下能够石墨化的无定形碳。Yoshino A. 等对锂离子电池各种碳负极材料性能进行对比，其中：放电容量，硬碳＞石墨＞软碳；首次充放电效率，石墨＞硬碳＞软碳；电位平稳性，石墨＞硬碳＞软碳。单独使用石墨或者硬碳材料作为锂离子电池负极材料均难以满足市场对锂离子电池愈来愈高的性能要求，如果能将硬碳比容量高、倍率和循环性能好的优点与石墨嵌锂电位低、不可逆容量小的优点有机结合，则将有望大大改善锂离子电池的性能。

3.1.1.2　全钒液流电池储能系统

液流电池最初由美国航空航天局（NASA）资助设计，由 Thaler L. H. 于 1974 年提出，该类电池通过正极、负极电解质溶液中的活性物质在电极上发生可逆氧化还原反应（即价态的可逆变化）实现电能和化学能的相互转化。目前针对液流电池的研究体系主要有多硫化钠/溴体系、全钒体系、锌/溴体系和铁/铬体系。其中，全钒体系发展得比较成熟，具备兆瓦级系统生产能力。不过，全钒体系的技术路线，受限于国内国际钒矿的供给，原材料的价格波动影响较大。

全钒液流电池（vanadium redox battery，VRB）属于单金属氧化还原化学电池，由正负电极、电解液、离子隔膜和储液灌等部分组成。由两个储液罐独立承载不同价态的钒离子硫酸溶液，并通过一个电泵来实现溶液流动和经过液流电池电堆，氧化和还原反应发生在离子交换膜两侧的电极上。正极电解液中含 VO_2^+ 和 VO^{2+} 离子，负极电解液中含 V^{2+} 和 V^{3+} 离子，离子膜将正负极电解液隔离。工作时，由电泵将存储于不同罐子里的电解液导入，在电极处发生氧化还原反应，结束后重新送回储液罐，如此循环往复，其工作原理如图 3-2 所示。

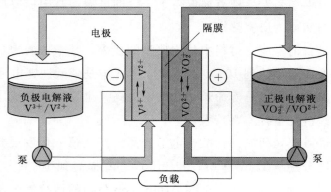

图 3-2　全钒液流电池工作原理图

VRB正负极发生的充放电化学反应和总反应为

$$正极：VO_2^+ + 2H^+ + e^- \Longrightarrow VO^{2+} + H_2O \tag{3-1}$$

$$负极：V^{2+} - e^- \Longrightarrow V^{3+} \tag{3-2}$$

$$总反应：VO_2^+ + 2H^+ + V^{2+} \Longrightarrow VO^{2+} + H_2O + V^{3+} \tag{3-3}$$

充电时正极消耗 VO^{2+} 离子，产生 VO_2^+，负极消耗 V^{3+}，产生 V^{2+}，通过化学反应将电能以化学能的形式存储在电解液中；放电时正极消耗 VO_2^+ 离子，产生 VO^{2+}，负极消耗 V^{2+}，产生 V^{3+}，将电解液中的化学能转化为电能释放出来。电池内部通过 H^+ 在正负电极中透过离子隔膜的传导保持平衡。

某公司的全钒液流电池储能系统实物如图3-3所示。

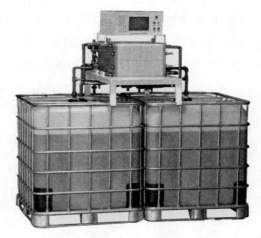

图3-3 某公司的全钒液流电池储能系统实物图

全钒液流电池独特的结构与充放电运行模式使其应用大规模储能场合具有一定的优势。

(1) 额定容量与额定功率大。全钒液流电池的额定功率取决于电极面积和电池堆的大小，而额定储能容量则取决于电解液的储量和电解液中电解质的浓度。因而当额定功率一定时，可增加电解液储量或提高电解液中电解质浓度来提高额定容量；当额定容量一定时，可以增加电池单体的数量或电极面积来提高电池的额定功率。

(2) 能量效率高和响应速度快。全钒液流电池在存储结构上是将正负极电解液独立分开存储，在发生化学反应时，电解液继续被电池隔膜隔开，因而降低了正负极电解液中活性物质的自放电化学反应，降低了自放电损耗。目前，全钒液流电池的充放电能量转换效率可高达75%～80%，具有较高的性价比。在响应特性方面，全钒液流电池可实现毫秒级的充放电状态切换与响应。

（3）使用寿命长与免维护性好。全钒液流电池是单金属氧化还原电池，充放电过程的化学反应没有伴随液相/固相的转化，不存在固态物质沉积在电极表面而致使电池化学性能逐渐衰减的问题。另外，全钒液流电池可深度放电而不损伤电池，因而可循环充放电次数多，系统使用寿命长。

3.1.1.3 铅炭电池储能系统

在新能源储能领域，需要 3000 次以上的重复充放电循环应用，而传统固定式铅酸电池由于循环寿命低于 800 次，无法满足该需求，故工程上总的投资成本优势也难以体现。鉴于此，一些研究机构和公司已逐步关注长寿命铅酸蓄电池或铅炭超级蓄电池在储能领域的开发和应用研究。

铅炭电池是在传统铅酸电池的铅负极中以"内并"或"内混"的形式引入具有电容特性的炭复合材料而形成。铅炭电池结构如图 3-4 所示，正极是二氧化铅（PbO_2），负极是铅-炭（PbC）复合电极，基本的电池反应式为

$$正极：PbO_2 + 3H^+ + HSO_4^- + 2e^- \Longleftrightarrow PbSO_4 + 2H_2O \qquad (3-4)$$

$$负极：Pb + HSO_4^- \Longleftrightarrow PbSO_4 + 2e^- + H^+ \qquad (3-5)$$

$$总反应：PbO_2 + Pb + 2H_2SO_4 \Longleftrightarrow 2PbSO_4 + 2H_2O \qquad (3-6)$$

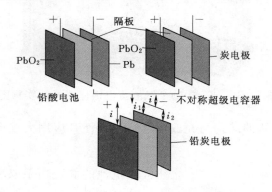

图 3-4 铅炭超级电池原理图

目前，铅炭电池的成本价格大约为 260 美元/kW，比功率为 500～600W/kg，比能量为 30～55W·h/kg，能量转换效率 90% 左右，循环寿命 2500～3000 次（100% 深度充放电）。

铅炭电池兼具传统铅酸电池与超级电容器的特点，能够大幅度改善传统铅酸蓄电池各方面的性能，其技术优点如下：

（1）充电倍率高，安全性好。

（2）循环寿命长，是普通铅酸电池的 4～5 倍。

（3）再生利用率高（可达 97%），远高于其他化学电池。

目前，国际上关于铅炭电池技术研究的代表性机构是澳大利亚联邦科学及工业研究组织（CSIRO）、美国东宾公司、日本古河公司与日立公司等。铅炭电池是 CSIRO 在 2004 年首先提出的，之后日本古河公司和美国东宾公司获得 CSIRO 的专利授权，开始进行超级蓄电池的研究开发工作。2011 年在美国能源局（DOE）资助下，宾夕法尼亚州 Lyon Station 储能示范项目中采用了东宾公司的 3WM/（1～4MW·h）铅炭超级电池储能系统，用于对美国 PJM 电网提供 3MW 的连续频率调节服务；澳大利亚新南威尔士州汉普顿风电场也采用了 500kW/（2.5MW·h）铅炭超级电池储能系统，用于平滑风力发电波动。

国内在铅炭电池研究上起步较晚，代表性研究机构主要有解放军防化研究院和浙江南都电源公司等单位。中国电科院和浙江南都电源公司曾开展过合作研究，对铅炭电池关键炭复合材料作用机理及匹配技术进行了初步探索。

尽管铅炭超级电池在循环寿命、比功率和比能量等关键性能指标上优于传统铅酸电池，并在新能源示范工程项目中得到了验证，但铅炭电池目前的技术水平仍有待进一步提高，包括铅炭复合电极制造技术等。

3.1.1.4 超级电容器储能

超级电容器分为双电层电容器和电化学电容器两大类，前者应用最为广泛。双电层电容器采用高比表面积活性炭作为电极材料，通过炭电极与电解液的固液相界面上的电荷分离而产生双电层电容，其在充放电时，发生的是电极/电解液界面的电荷吸脱附过程（图 3-5）。电化学电容器采用 RuO_2 等贵金属氧化物作电极，在氧化物电极表面及体相发生氧化还原反应而产生吸附电容，又称之为法拉第准电容。法拉第准电容的产生机理与电池反应相似，在相同电极面积的情况下，它的电容量是双电层电容的几倍。不过，在瞬时大电流放电的功率特性方面，双电层电容器却比法拉第电容器好。

超级电容器是通过电磁场的方式来储存能量的，不存在能量形态的转换过程，故具有输出功率大、响应速度快、效率高和循环使用次数多等优点。但是，超级电容器的能量密度低，远低于锂离子电池。

美国、日本、俄罗斯等国家凭借多年的研究开发和技术积累，在超级电容器技术与产品方面处于世界领先地位。美国的 Maxwell 公司、日本的 Nec 公司和俄罗斯的 Econd 公司等目前占据着全球大部分市场。近年来，我国也开始逐渐重视超级电容器技术，上海交通大学、中国人民解放军总装备部防化研究院和成都电子科技大学等都开展了超级电容器的材料、工艺及器件研制等工作。在大容量超级电容的研发方面，也涌现了一批具有产业化能力的厂家，如锦州锦荣公司、上海奥威公司等。

在大容量超级电容应用于储能方面，美国加利福尼亚州建造了 1 台 450kW 的

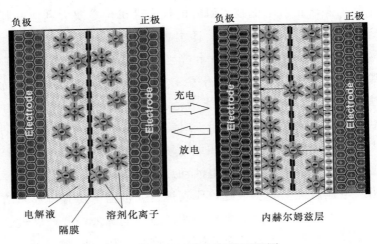

图 3 - 5　双电层电容器原理图

超级电容器储能装置,用以减轻 950kW 风电机组向电网输送功率的波动。

我国在一些微网示范工程中采用几百兆瓦的超级电容器作为其中一种储能方式,用于平抑风电和光伏等新能源的出力波动。另外一个具有代表性的超级电容器应用项目是在上海洋山深水港,采用 Maxwell 公司额定功率 3MW 的超级电容器模块,用以解决 23 台港口起重机启动所造成的局部电网 10～15s 电压波动问题,实现对电网不利影响的最大程度降低。

3.1.1.5　飞轮电池

飞轮电池是 20 世纪 90 年代才提出的新概念电池,它突破了化学电池的局限,用物理方法实现储能,高技术型飞轮用于储存电能,转换过程很像标准电池。飞轮电池储能的本质是利用电动机带动飞轮高速旋转,在需要的时候再用飞轮带动发电机发电,具有高功率密度、快响应和长寿命等特点。在存储能量时,电能通过电力电子变换器驱动电机运行,进而带动飞轮加速转动,飞轮以动能的形式把能量储存起来,完成电能到机械能转换的储存能量过程;之后,电机维持一个恒定的转速,直到接收到一个能量释放的控制信号。释放电能时,高速旋转的飞轮拖动电机发电,经电力电子变换器输出适用于负载的电流与电压,完成机械能到电能转换的释放能量过程。飞轮电池的工程化应用方面,为了满足不同功率和储能量,通常采用多台飞轮单体组成阵列的方式,系统功率等级可达到几十兆瓦。

飞轮本体是飞轮电池储能系统中的核心部件,以盾石磁能科技有限公司已成功商业化的高速碳纤维复合型飞轮本体为例进行介绍,如图 3 - 6 所示,其主要结构为:碳纤维复合材料转子、高速高效永磁电机、被动磁悬浮轴承、针式球形螺旋槽轴承、真空腔及外壳等。其中,高速永磁电机为外转子内定子结构,电机定子铁芯采用超薄高硅钢片叠制，绕组采用高频励磁线，从而降低电机的铁耗和铜耗，并且定子中心为空心轴，用于导线引出和冷却水路布置，能保证长时间运行温度控制在合适的范围内；同时，电机转子为无铁芯磁粉纤维层，与外层纤维复合材料飞轮径向一体化集成，纤维复合材料飞轮为多层材料的圆筒式结构。该转子结构一方面可以抑制转子涡流损耗，缓解真空环境下转子散热难题；另一方面，无铁芯转子层与纤维复合材料层集成为一体，不仅提高了飞轮转子系统允许的最大线速度和储能密度，也提升了飞轮转子的安全性；轴承系统是由针式球形螺旋槽动压轴承和永磁被动磁轴承组合形成的。永磁被动磁轴承安装在转子的顶部，针式球轴承和阻尼系统安装在转子的底部，两者形成支撑配合，不仅降低了轴承损耗，也省去了主动磁轴承所需的复杂动态检测与快响应控制系统，实现了高速转子的悬浮稳定支撑。

图 3-6　高速飞轮电池本体单元结构示意图

3.1.2　储能电池管理技术

国外公司对电池管理与控制技术进行了广泛深入的研究，推出了一些具有代表性的产品，如美国 Aerovironment 公司的 SmartGuard 系统、德国 B. Hauck 设计的BATTMAN 系统、美国通用汽车公司生产的电动汽车上的电池管理系统，以及美国 AC Propulsion 公司开发的名为 Batt-Opt 和 Batt-Mon 高性能电池管理系统等。

电池管理系统用于监测、评估及保护电池，包括：监测并传递单体电池、电池模块以及电池系统的运行状态信息，如电池电压、电流、温度以及其他保护量等；评估计算电池的荷电状态 SOC、寿命健康状态 SOH 以及电池累计处理能量等；保护电池安全实施报警和通信功能等。

电池管理系统（BMS）（图 3-7）通常含有三个典型层级，即顶层（BAMS）、中间层（BCMS）、底层（BMU）。

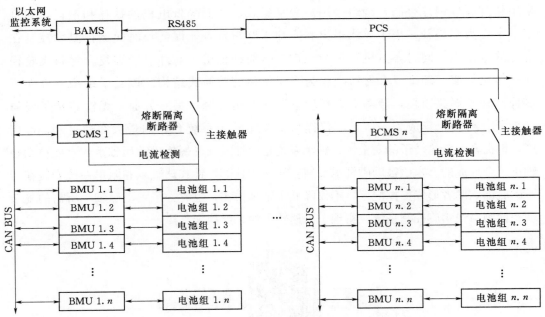

图 3-7　电池管理系统结构图

1. BMU

BMU 是电池管理系统中的最基本单元，采用 CAN 总线技术和中间层交互信息，主要实现单体电池电压采集、多点温度采集以及均衡电路控制等功能。

2. BCMS

BCMS 负责管理 1 个电池串中的全部 BMU，完成电池串的总电压采集、充放电电流采集、漏电检测和故障报警，同时计算 SOC 和 SOH，实现高压管理，在 BMU 协同下完成整串电池的均衡控制，采用 CAN 总线和底层 BMU 以及顶层 BAMS 交互信息。

3. BAMS

BAMS 负责管理每台 PCS 所对应电池系统单元的全部 BCMS。采用 CAN 总线技术收集各串电池的数据信息，对电池系统单元的信息进行汇总、统计分析和处理，采用 TCP/IP 通信方式向就地监控系统上报电池系统信息，采用 Modbus TCP 通信方式和 PCS 进行信息交互，从保护电池的角度实现 PCS 的优化控制。

3.2　储能变流器拓扑及运行控制技术

储能变流器用于控制储能电池的充电和放电过程，进行交直流能量的双向变换,在离网情况下可以直接为负荷供电,在并网运行时实现对电网有功功率及无功功率的调节,是储能系统中的关键部件。本节主要介绍储能变流器的拓扑结构和运行控制技术。

3.2.1 储能变流器典型拓扑结构

电池储能系统由储能电池、电池管理系统和能量转换装置组成。根据能量转换装置的不同组合方式,电池储能系统有单级和双级两种典型的拓扑结构。

1. 单级拓扑结构

只采用 AC/DC 变流器的单级变换储能系统拓扑结构如图 3-8 所示。双向 AC/DC 变流器直流侧直接连接储能装置,交流侧连接电源(该电源可以是电网或其他分布式电源)或负载。储能系统充电时,变流器工作在整流状态,由交流侧电源经三相全控整流桥给储能装置充电(若储能系统离网单独给负荷供电,交流侧只接负载,需要另外配备充电装置给储能系统充电);储能系统放电时,变流器工作在逆变状态(可以为有源逆变,也可以为无源逆变),由储能装置经三相全控逆变桥向电网送电或给负载供电。

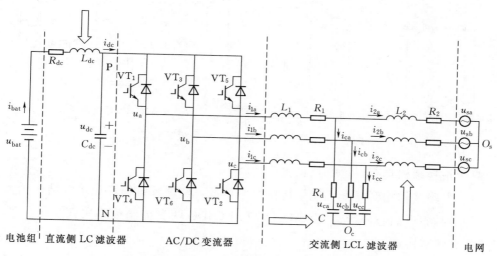

图 3-8 单级变换储能并网系统拓扑图

单级拓扑结构具有以下特点:

(1) 电路结构简单,能量转换效率高,整体系统损耗小。

(2) 控制简单,可实现有功和无功的统一控制,并网到离网的双模式切换也较容易实现。

(3) 直流侧存在二倍频低频纹波和高频开关纹波,LC 滤波器设计难度较大,电池控制精度较低,充放电转换时间长。

（4）直流侧电压范围窄，大容量单机设计时，电池组需要多组串并联，增加电池成组难度；单组电池因故障更换后，会降低整组系统性能指标。

（5）交流侧或直流侧出现故障时，电池侧会短时承受冲击电流，降低电池使用寿命。

2. 双级拓扑结构

同时采用 AC/DC 变流器和 DC/DC 变换器的双级变换储能系统并网拓扑结构如图 3-9 所示。双向 AC/DC 变流器交流侧连接电源（该电源可以是电网或其他分布式电源）或负载，直流侧经双向 DC/DC 变换器连接储能装置。DC/DC 变换器有变流和调压的功能，可直接控制直流侧充放电电流和母线电压，从而控制输入输出有功；并网运行时，AC/DC 变流器实现系统和电网功率的交换，离网运行时，AC/DC 变流器提供系统的电压和频率支撑。

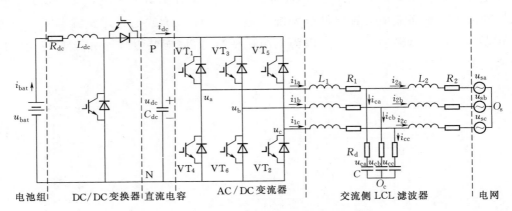

图 3-9　双级变换储能并网系统拓扑图

双级拓扑结构具有以下特点：

（1）电路结构相对复杂，能量转换效率稍低，整体系统损耗比单级结构稍大。

（2）控制系统相对复杂，由 AC/DC 和 DC/DC 两套控制策略实现，AC/DC 和 DC/DC 之间需协调。

（3）直流侧不需要复杂的 LC 滤波器，电池侧纹波小，控制精度较高，充放电转换时间短。

（4）大容量单机设计时，直流侧可采用多个 DC/DC 变换器实现，每个 DC/DC 单元可连接独立的电池组，不需要多组电池组串并联，降低了电池组的配置难度；单组电池因故障更换后，不会降低整组系统性能指标。

（5）交流侧或直流侧出现故障时，因存在 DC/DC 电路环节，可有效保护电池，避免电池承受冲击电流，延长电池使用寿命。

3. H桥级联型中压直挂式储能变换器电路拓扑

目前,储能系统接入10kV/35kV中压配电网通常在低压电网汇集后经升压变压器接入中压电网,存在能量转换环节多、转换效率低的问题,不能满足大规模储能技术的快速发展需求,采用多电平技术实现中压直挂一直是储能变换器的研究热点。

图3-10所示为H桥级联型中压直挂式储能变换器的主电路拓扑,每相由N个功率模块级联而成,输出电平数为$2N+1$。每个功率模块均含有独立的电池作为储能元件,可实现能量的双向流动,A、B、C三相采用Y连接方式。每相交流输出端通过电抗器与电网连接,实际设计时会备有冗余模块,在局部某一功率模块发生故障时,可以将之旁路,从而保证系统的正常稳定运行。

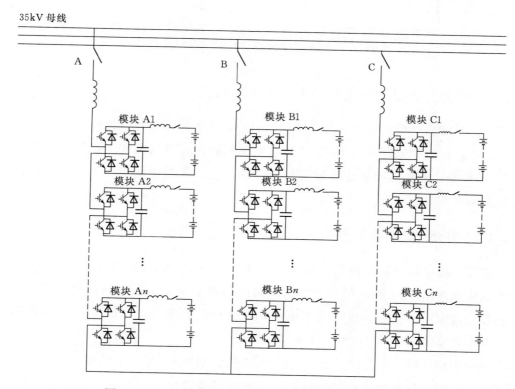

图3-10 H桥级联型中压直挂式储能系统拓扑结构

H桥功率单元的电路结构如图3-11所示,由单相全桥变换电路、电抗器、电容器、预充电电阻和旁路开关等组成,具有四象限功率运行能力。其中,电抗器和电容器组成的LC滤波器实现滤波功能,减小电池两端的电压和电流波动,有利于对电池的检测及延长电池寿命。双向晶闸管控制着旁路的通断,单元故障时通过给出晶闸管触发脉冲和封锁开关管驱动信号实现对功率单元的旁路。

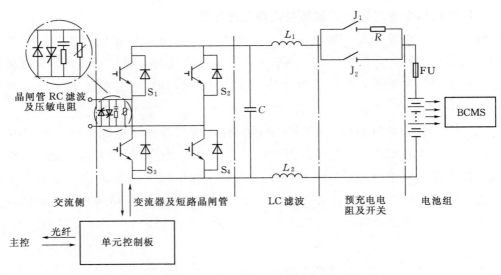

图 3 - 11　具备在线旁路功能的功率单元拓扑

3.2.2　储能变流器运行控制技术

储能系统的双模式切换主要指并网运行模式和离网运行模式之间的切换。在并网模式下，储能变流器采用 P/Q 控制或恒压控制；在离网模式下，储能变流器采用 U/f 控制。多个储能系统并联运行时，各系统之间的协调控制策略主要有：主从控制和对等控制两种。

3.2.2.1　并网转离网切换控制

储能变流器从并网切换到离网的过程主要是 AC/DC 变流器从并网 P/Q 控制模式切换到离网 U/f 控制模式。并网转离网切换主要发生在电网计划性停电或电网突发性故障时，要求储能系统不掉电，继续给负载供电，且切换后 PCS 控制的电压频率稳定。

当大电网突然出现故障或者人为需要切断外电网时，储能变流器应迅速改变控制策略，实现并网转离网平滑切换。变流器以切换过程前一时刻的电网电压相位，作为变流器离网模式下电压型变换器控制的电压相位初始值，在并网开关断开，同时切换为 U/f 电压型控制方式。

由并网向离网过渡切换的控制逻辑与步骤如图 3 - 12 所示，即①监测脱网调度指令或"孤岛"状态信息；②确认脱网要求，发出分断并网开关指令；③变流器转换为 U/f 控制，跟踪外电网电压相位；④延时等待并网开关可靠关断；⑤变流器以标准电压和频率为基准，进行 U/f 控制。

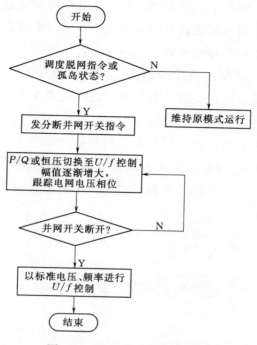

图 3-12 并离网切换流程

并网到离网的主动切换：当电网进行计划检修而需要停电时，控制器接收到停电指令后，能够主动地转至离网运行模式，变流器从并网状态到离网状态的主动切换中，并网开关在电网正常的情况下受人为控制断开。储能系统收到主动离网指令，在断网前，跟踪电网电压的幅值和相位。在断网时刻，为了使负载上的电压不突变，变流器控制方式转换为电压频率控制，电压有效值和频率采用配电网标准值（380V/50Hz），输出电压相位应当延续断网前负载电压相位。

并网到离网的被动切换：当电网出现故障时，储能系统能够快速识别并迅速切换到离网运行模式，切换的时间应足够短。要实现这种切换过程的平滑无冲击，需要做到快速准确检测电网故障，变流器应能由并网模式工作快速转换到离网模式工作。通常，采用频率检测和幅值检测相结合的方法，来提高电网故障判断的准确性和快速性，不过此过程的固有延时难以避免，使得在被动切换中，负载电压不会像主动切换过程中那样平滑，会存在短时间的下降。

3.2.2.2 离网转并网同期控制

储能变流器从离网到并网的切换过程主要是变流器从 U/f 控制模式切换到 P/Q 控制模式或恒压控制模式。储能系统从离网切换到并网称为"同期"，可由专门的同期装置控制。

由于离网供电工作模式下，储能变流器输出电压与系统基准信号同步，特别是电网失电条件下，变流器不可能从电网获取同步标准，电网恢复正常后，变流器输出的电压幅值、频率和相位都有可能与电网不一致。所以，在并网开关闭合前，必须通过锁相环，使变流器输出电压的幅值、频率和相位上都与电网电压同步。另外，为避免引起负载端过电压尖锋或对负载可能的电流冲击，并网过程应控制电网电流的上升速度。

变流器由离网向并网过渡切换的控制逻辑和步骤如图 3-13 所示，即①检测是否满足并网条件；②对电网电压的锁相跟踪，实现变流器输出电压与电网电压幅值、频率和相位上的一致；③闭合并网开关；④逐渐增加变流器功率控制量至给定功率值。

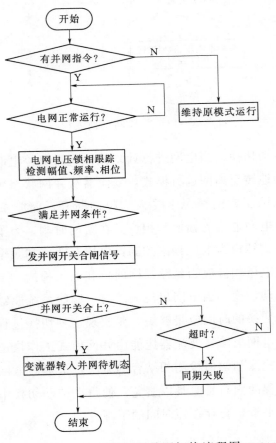

图 3-13　离网到并网切换流程图

当储能系统收到并网指令时，变流器仍然以 U/f 控制方式运行，电压指令为并网点电压有效值，频率指令为小于电网频率 0.1Hz，进行并网调节。此时变流器输出电压与配电网电压一致，频率比配电网频率低 0.1Hz，进行同期检测，PCS 根据电网信息调整输出电压和频率，使其和电网电压频率达到一致。当变流器输出与配电网满足并网要求时，发出并网开关合闸信号。同期装置检测同期并网成功后，储能系统转入并网模式待机状态，等待监控发出功率或电压指令。在规定的时间内没有完成并网，则判定"同期失败"。

3.2.2.3　多机并联协调控制

多个储能系统并联运行时，各系统之间的协调控制策略主要有主从控制和对等控制两种。

1. 主从控制策略

主从控制策略主要在储能系统处于孤岛状态时使用，其对每个储能系统采取不同的控制方法，并赋予不同的职能。通常，以一个或几个储能系统为主电源，通过通信线路来控制其他从属电源的输出，以达到整个系统内的功率平衡，以保持电压和频率的稳定。一种方案是采用一个储能系统作为主电源进行 U/f 控制，以提供参考电压和频率，其他所有的处于从属地位的储能系统采用 P/Q 控制；另一种方案是采用多个主储能系统同步运行，表现出单一电压源的性质，从模块仍采用 P/Q 控制。

如图 3-14 所示，系统主电源采用 U/f 控制逆变器持续产生稳定的正弦电压，从电源采用 P/Q 控制逆变器跟随控制中心分配的功率，通过相互之间的通信分配功率，保证了良好的功率均分效果。

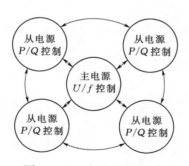

图 3-14　主从控制策略

主从控制模式下逆变器不需要配置锁相环进行同步控制，负载均分效果好，系统扩容方便，若采用 $N+1$ 的运行方式（即增加一个额外的电源，以保证失去任何一个电源后，系统都能保持功能上的完整性），整个系统的可靠性、稳定性还会进一步增强。

主从控制策略也有相应缺点，由于设定了主电源，整个系统是通过主电源来协调控制其他电源，此要求主电源有一定的容量，而一旦主电源出现故障，将影响整个系统运行，所以大部分系统并没有实现真正的冗余。另外主从控制技术需要进行通信互联，系统的可靠性在一定程度上依赖于通信的可靠性。

2. 对等控制策略

对等控制策略是对各个储能系统采取相同的控制方法，各储能系统之间是平等的，不存在从属关系。所有储能系统以预先设定的控制模式参与有功和无功的调节，从而维持系统电压频率的稳定。离网运行时，对等控制策略下的各储能系统都要参与电压和频率的调节，采用 U/f 或下垂控制技术。在无通信联络并联模式中，各并联储能系统通过输出端的交流母线相连，常用的是频率电压下垂控制技术。所谓下垂控制，主要是指储能系统中的逆变器模拟传统电网中的 $P-f$ 曲线和 $Q-U$ 曲线的调节特性，通过解耦 $P-f$ 与 $Q-U$ 之间的下垂特性曲线进行系统电压和频率调节的方式。它通过检测储能系统输出端的电压和频率，并与给定的参考值比较，根据下垂特性曲线调节储能系统的输出有功和无功，以对储能系统的输出电压和频率进行控制。目前对逆变器采用的下垂控制方法主要有两种：一种与传统同步发电机调节相似，采用 P/f 和 Q/U 调差率控制方式；另一种则是采用 P/U 和 Q/f 反调差率控制方式。两者虽然从形式上相差较大，但其根本原理相似，只是需要根据不同的线路参数特性的需要进行下垂控制策略的选择。

假设某条线路上的有功和无功潮流由 A 点流向 B 点，如图 3-15 所示。

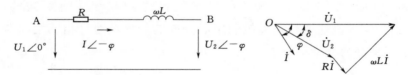

图 3-15　功率流动及向量示意图

有功、无功潮流满足

$$\left.\begin{array}{l} P=\dfrac{U_1}{R^2+X^2}\left[R(U_1-U_2\cos\delta)+XU_2\sin\delta\right] \\[3mm] Q=\dfrac{U_1}{R^2+X^2}\left[-RU_2\sin\delta+X(U_1-U_2\cos\delta)\right] \end{array}\right\} \tag{3-7}$$

对于高压线路，线路参数中感抗远大于电阻（$X\gg R$），当 δ 较小时可近似地认为 $\sin\delta\approx\delta$，$\cos\delta\approx1$，则式（3-7）可以写为

$$\left.\begin{array}{l} P=\dfrac{U_1U_2}{X}\delta \\[3mm] Q=\dfrac{U_1^2-U_1U_2}{X} \end{array}\right\} \tag{3-8}$$

表明有功功率与功角有关，而电压差值与无功功率有关。因此，通过功角调节

控制有功功率，即调节功角可以控制频率，调节无功功率可以控制电压差值。

对于中、低压配电线路，线路参数中感抗与电阻接近或远小于电阻，则方程可以改写为

$$\left.\begin{aligned} P &= \frac{U_1^2 - U_1 U_2}{R} \\ Q &= \frac{U_1 U_2}{R}\delta \end{aligned}\right\} \qquad (3-9)$$

表明电压差值与有功功率有关，而功角与无功功率有关，即频率与无功功率有关。因此，可以根据线路实际情况选择合理的下垂控制方式。

图 3-16 所示为典型的频率下垂特性和电压下垂特性曲线。

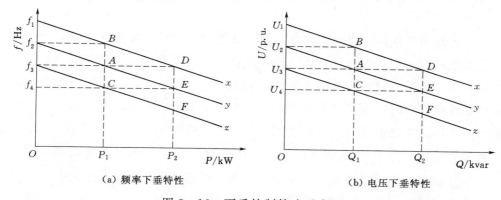

（a）频率下垂特性　　　　　　（b）电压下垂特性

图 3-16 下垂控制策略示意图

频率下垂控制过程如图 3-16（a）所示，设当前采用下垂曲线为 y，当微电源运行频率为 f_3 时，储能系统的有功功率 P_1，运行在频率下垂特性曲线 y 上的 A 点；若储能系统的有功出力增加至 P_2，则下垂控制将使储能系统的运行点由 A 沿着频率下垂特性曲线 y 移动到 E 点；这时储能系统的出口频率则降低到了 f_4，若频率偏离过低，则要通过通信发送指令，将下垂曲线向上平移，采用曲线 x，将出口频率重新调整到 f_3，此时储能系统运行在频率下垂特性曲线 x 上的 D 点。电压下垂过程也与此相同，如图 3-16（b）所示。

当逆变器输出阻抗主要呈感性时，基本的下垂控制方程为

$$\left.\begin{aligned} \omega &= \omega_0 - mP \\ U &= U_0 - nQ \end{aligned}\right\} \qquad (3-10)$$

式中　ω、ω_0——逆变器输出角频率和初始角频率；

　　　U、U_0——逆变器输出电压幅值和初始幅值；

　　　m、n——有功和无功功率的下垂系数。

实际中，可采用频率控制代替相角控制。

频率电压反下垂控制的方程为

$$\left.\begin{array}{l} P_s^* = K_v (U_{ref} - U_q) \\ q_s^* = K_\omega (\omega_{ref} - \omega) \end{array}\right\} \tag{3-11}$$

其中
$$\omega_{ref} = \omega^*$$

$$U_{ref} = U^*$$

当输出阻抗主要呈阻性时，该方法负载均分效果好，但当线路电感与变流器输出滤波电感在同一个数量级时，电能质量会大幅下降，如电压扰动方面。同时与较高的电压等级电网相连时，该种方法并不适用，通常还是采用式（3-10）传统下垂。

下垂控制利用本地测量的电网状态变量作为控制参数，实现了冗余，系统的可靠运行不依赖于通信，具有可扩展、易模块化、冗余性和灵活性好等特点；利用下垂控制策略，当某个储能系统因故障退出运行时，其余储能系统仍能够继续运行，系统可靠性高；同时实现了"即插即用"，当系统需要扩容时，只需对新加入装置采用相同的控制策略即可接入，而无需对其余模块进行调整，且无位置约束，安装维修更加方便。不过下垂控制也有不足，存在频率和幅值偏差，暂态响应慢等问题。下垂控制解决不了由于各逆变器输出侧与负载总线之间线路阻抗不匹配，或是由于电压/电流感应器测量值存在误差，所导致的环流问题。目前，下垂控制在实际中很少应用，应用较广的仍然是有互联线下的并联。

采用对等型控制策略时，储能系统只需测量输出端的电气量，从而独立地参与到电压和频率的调节过程中，无须知道其他储能系统运行情况，省了通信环节。同时，当某一个储能系统因故障退出运行时，其余储能系统仍然能够不受影响，系统可靠性高。当需要增加新的储能单元时，只需要对新装置采用同样控制策略，实现了"即插即用"。对等型控制策略和主从型控制相比，在系统整体电能质量方面稳定性稍差。

3.3　储能技术在配电网中的应用

目前，我国电力需求十分旺盛，新增电力装机容量和发电量仍旧不断提升，电网大力发展的同时也带来了诸多问题与挑战，主要如下：

（1）电网用电峰谷差逐渐增大，调峰矛盾日益突出。例如 2018 年春节期间，江苏电网峰谷差一度高达 1600 万 kW，峰谷差率超过 35%。

（2）风电和光伏发电具有随机性和间歇性特征，昼夜发电量差异大，因而随着配电网中分布式新能源渗透率的逐年上升，对电网调峰、运行控制和供电质量带来巨大挑战。

（3）配电网末端网架结构薄弱，经常出现低电压、季节性配变超载和功率因数低等问题，严重的甚至出现供电中断的情况，给人们的生产生活带来了极大的不便。

储能系统具有响应速度快、功率可双向调节等优势，成为解决上述问题的有效途径，本节简述储能参与削峰填谷、提高配电网对新能源的消纳能力和作为配电网应急电源三个代表性应用。

3.3.1 储能参与削峰填谷

不断加快的城市化进程和不断增长的电力负荷，使得电力峰谷差不断加大。通过增加发电、输电和配电设备来满足负荷增长，对电力企业而言，意味着巨大资金的投入，并且尖峰负荷调节时间短暂，巨额资金投入的利用率太低。储能系统可实现发电和用电间的解耦及负荷调节，在一定程度上削弱峰谷差。

储能系统接入配网后，在低谷电价时段可作为用电负荷存储电能，在高峰电价时段可作为电源释放电能，实现电力系统负荷侧有功功率的控制和负荷峰谷转移。储能的接入改善了电网负荷特性，减少了电网备用容量需求和调峰调频机组需求，减轻了高峰负荷时输电网的潮流和功率损耗，减少了输电网络的设备投资。

电池储能系统在负荷侧削峰填谷应用的典型接入拓扑结构如图 3-17 所示。

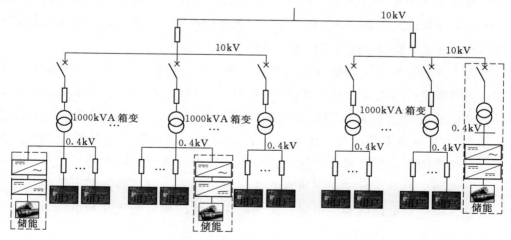

图 3-17　负荷侧削峰填谷应用储能系统典型接入拓扑

电池储能单元可接入用户侧交流母线低压侧，与用户共用上级升压变，也可作为独立的基本单元经储能系统自身升压变接入用户侧上级高压交流母线并网点。

图 3-18 所示为该地区用户侧工商业上网电价：高峰时间段 08：00—12：00 和 17：00—21：00，电价为 1.1002 元/(kW·h)；平段时间段 12：00—17：00 和 21：00—24：00，电价为 0.6601 元/(kW·h)；低谷时间段为 00：00—08：00，电价为 0.3200 元/(kW·h)。

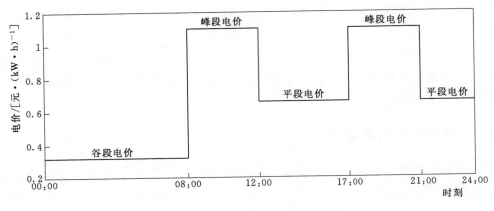

图 3-18 某地峰谷电价曲线

基于峰谷电价差和典型日负荷曲线，合理控制电池储能系统充放电，可起到削峰填谷作用，同时降低园区或者用户的购电成本。

3.3.2 储能提高配电网对新能源的消纳能力

2013 年 1 月，国务院办公厅印发了《能源发展"十二五"规划》（国发〔2013〕2 号），要求加快风能和太阳能等可再生能源的分布式开发利用。国家电网公司高度重视包括分布式光伏等各类新能源发展，把支持可再生能源发展作为落实国家能源战略和促进经济发展方式转变的重大战略举措。

然而，新能源发电受环境和天气条件等影响大，存在波动性强、间歇性大和可控性差等缺点。如光伏发电在多云或雷阵雨天气时，由云层移动所导致的太阳辐射波动会造成光伏出力也产生相应的大幅度波动，并且波动持续时间也不稳定，从 1s 到几分钟不等。对于配电网来说，如果新能源发电渗透率比较低，其波动性对系统的影响可以通过电网的惯性响应等进行消纳，而忽略其对电网所产生的不利影响。但是，对于新能源发电占比较高的配电网，新能源发电的功率短时大幅度波动会对电网的频率稳定、无功电压特性、功角稳定性和电能质量等均会产生不利影响。

储能系统能够同时提供有功和无功支撑，稳定电网末端节点电压水平，提高配电变压器运行效率，其对提高配电网接纳新能源能力，主要体现在以下方面：

（1）平滑功率波动。储能系统在新能源发电出力骤升时吸收功率，在新能源发电出力骤降时输出功率。如图 3-19 所示，借鉴信号处理中的低通滤波原理，协调储能系统根据新能源出力变化进行功率输出调整，以快速实现平滑功率波动，保证电网安全稳定运行。

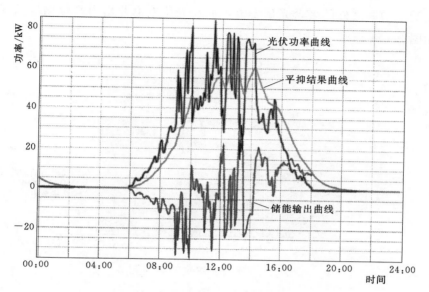

图 3-19　储能平滑光伏发电功率波动

（2）跟踪计划出力。如图 3-20 所示，配置一定容量的储能，通过控制储能系统的输入/输出功率，使得新能源、储能联合出力接近新能源功率预测曲线，从而提高新能源输出的可调度能力和可信度，弥补新能源独立发电时预测不准确的缺点。

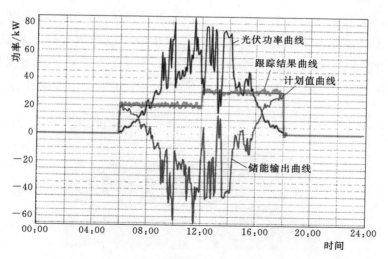

图 3-20　光储联合运行跟踪计划出力

（3）解决弃风弃光问题。当出现由于网架输送能力薄弱或就地负荷不能将光伏、风电发出的电能及时送出或就地消纳情况时，电网将限制新能源的功率输出，即弃风、弃光。以光伏发电为例，在 10：00—15：00 的光伏出力高峰段，可通过储能吸收受限功率之外的多余光伏发电，而在光伏发电非出力高峰期等情况下放出电能，如图 3-21 所示。

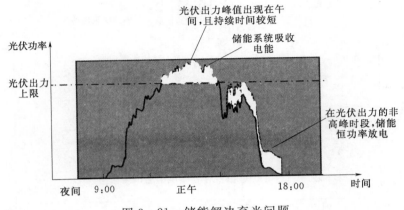

图 3-21　储能解决弃光问题

3.3.3　储能作为配电网应急电源

现代社会对供电品质要求越来越高，突然的断电必然会给人们的正常生活秩序和社会的正常运转造成破坏。对于一级负荷中的特别重要负荷，一旦供电中断，将会造成重大的政治影响或经济损失。移动式应急电源车作为电网应急供电设备的主要力量，具有机动灵活、技术成熟、启动迅速等诸多优点，在城市电网应急、对抗重大自然灾害以及电力紧缺地区临时用电等中小型用电场所发挥日趋显著的作用。举世瞩目的北京奥运会、上海世博会、广州亚运会等重大活动中均有现代应急电源车的运用（图 3-22、图 3-23），担负着保障重要会场电力供应的任务。

图 3-22　重要场合保电

图 3-23 移动式应急电源车

此外，在农村或者现代农业示范区等一些地方具有全年用电负载率低、峰值用电时段性或季节性显著特点。例如农村平时用电仅为普通照明用电，变压器几近空载运行，用电负载低。但是，春节期间，随着农民工返乡过年，该类地区会引起电网负荷猛增，导致台区变压器过载烧毁现象出现。如图 3-24 所示，使用移动式应急电源车提供临时增容，可以在类似地区有效缓解电网压力，还可以减小配电线路和配电变压器的设计容量，节省线路投资和增容费用，提高电网设备利用率和供电效率。

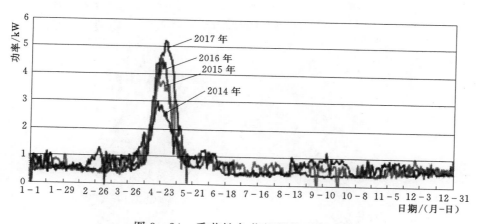

图 3-24 季节性负荷超载临时增容

目前移动式应急供电系统多采用柴油发电机作为备用电源，但柴油发电机启动时间长（需 5~30s），供电电压、频率波动大、效率低，只能在离网状态下做主电源运行，难以做到无缝切换，并且柴油发电机的使用也将不可避免地带来环境和噪声污染。采用移动式大容量储能系统供电可以有效解决柴油发电机上述问题，启动时间短（多为毫秒级），能够无缝切换并/离网两种运行模式。同时，移动式大容量储能系统作为电源还可以与配电网互动，在用电低谷时充电，用电高峰时放电，达到削峰填谷和提高电能质量目的，具有重要的经济和社会效益。

3.4　典型案例分析

3.4.1　移动式储能系统在配电网中的应用

移动式储能系统以货车为移动载体，将电池、储能变流器、就地监控设备、温控消防设备及电缆接口等设备集成在集装箱内，如图 3 - 25 所示，相比于现有的柴油发电车具有电能质量高、启动快、噪声低、无环境污染等优势，可以完全替代现有的柴油发电车应用场合。

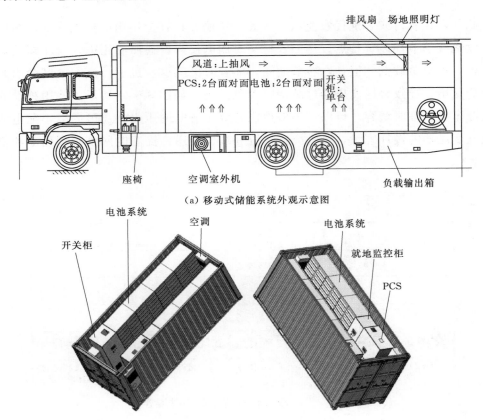

（a）移动式储能系统外观示意图

（b）移动式储能系统集装箱内部布置图

图 3 - 25　移动式储能系统

图 3 - 26 所示为利用移动式储能系统为一次重要会议召开提供电力保障案例的系统拓扑图，图 3 - 27 为会议现场的一次接线图。将 1 号主变 401 断路器断开，储能装置电网侧 PCS 从 4203 备用支路汲取功率，再经由负荷侧 PCS 向 4105 支路 40kW 照明及办公用电等负荷进行供电，电网侧失电后，负荷侧电压平稳不变，做

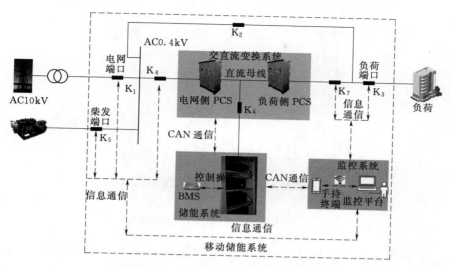

图 3-26 移动式储能系统拓扑结构

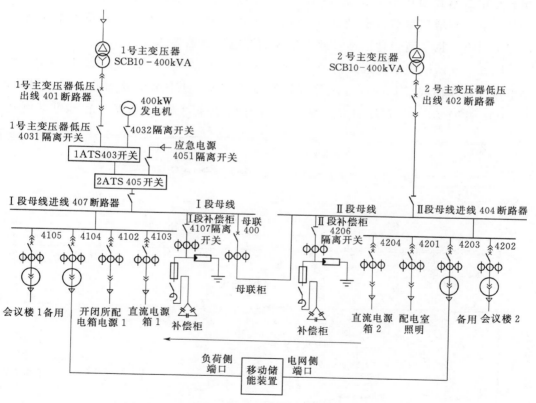

图 3-27 移动式储能系统接入现场一次接线图

到了无缝切换,相关试验波形如图3-28所示。

另外,在以水产养殖为代表的现代农业集中区,低压配电网供电服务也面临着

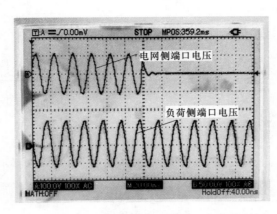

图 3-28　移动式储能系统保电试验波形图

新的问题和更高要求。如某地区罗氏沼虾养殖标准示范区，10 万多亩鱼虾塘全部采用电动机驱动的单相增氧泵，夏季增氧高峰期所涉及的配变经常会出现低电压、配电变压器超载和功率因数低等问题，部分特别严重的配电变压器日常负载率在 20% 以下，到增氧季节会剧增到 80% 以上，甚至 100%～130%，严重影响设备正常安全供电，据了解该地区涉及此类情况的配电变压器多达 600 台以上。

图 3-29 所示为示范区某村 10 号变压器 2017 年的夏季（以 7 月 23 日为例）典型电压及功率曲线。其中，变压器容量为 200kVA，夏季由于养殖业增氧泵启动，20：00—次日 8：00 负荷增大，最大负荷有功功率可超 160kW，无功功率可达

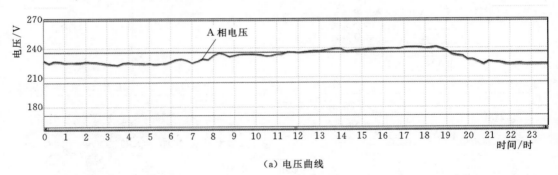

（a）电压曲线

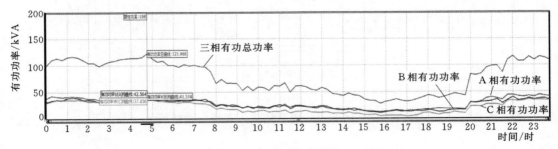

（b）有功功率曲线

图 3-29　某村 10 号变压器 2017 年的夏季电压、电流及功率曲线

60kvar，功率因数平均 0.85 左右。

采用移动式储能系统解决该示范区夏季增氧高峰期所涉及配变经常出现低电压、配变超载和功率因数低等问题，系统拓扑如图 3-30 所示。

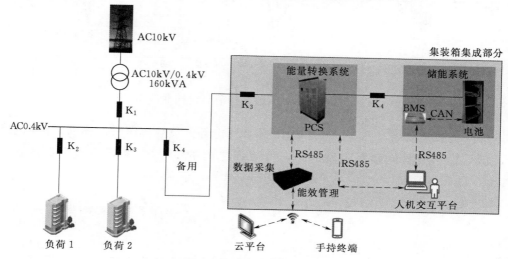

图 3-30　系统拓扑示意图

通过现场调试，储能系统放电可达 120kW·h，最大功率补偿 50kVA（可全功率补偿无功，补偿力度可调，综合考虑运行环境，补偿力度默认设置为 80%），能够把并网点有功功率控制在 95kW 以内，无功功率控制在 20kvar 以内，有效解决了夜间负荷率过大和功率因数偏低问题，改善了电能质量，提高了居民的生活生产用电品质。

（1）功率曲线。图 3-31 为 2018 年 8 月部分台区变压器功率运行曲线。8 月 12 日移动式储能系统调试完毕，将台区变压器的有功输出功率控制在 95kW 以内；8 月 13 日以后无功功率控制在 18kvar 以内。

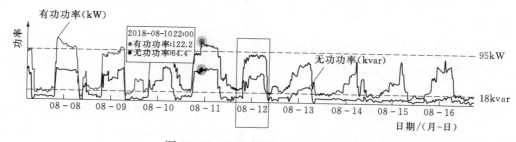

图 3-31　8 月部分功率运行曲线

（2）功率因数曲线。移动式储能系统接入后，现场夜晚功率因数可基本控制在 0.95 左右，高峰时功率因数可达 0.99，线损大大降低，台区供电质量也得到明显提升。8 月 12 日与 8 月 13 日功率因数治理对比曲线如图 3-32 所示。

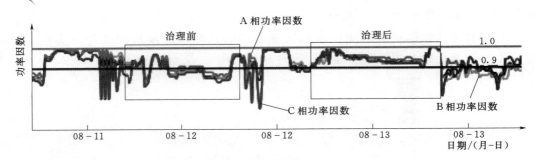

图 3 - 32　功率因数治理前后对比曲线

（3）负载率曲线。图 3 - 33 是 2018 年 8 月份部分负载率曲线。移动式储能系统投入运行后变压器负载率明显下降，由治理之前的 68% 下降到治理之后的 40% 左右。

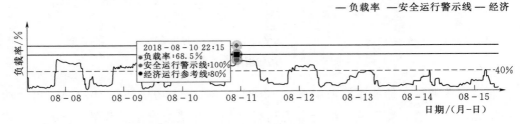

图 3 - 33　8 月部分负载率曲线

3.4.2　湄洲岛储能电站示范应用

莆田湄洲岛是闻名海内外的"妈祖故乡"，妈祖文化是我国首个信俗类世界非物质文化遗产，每年吸引数百万游客和信客到此观光，因而湄洲岛重要的保供电任务不断。长期以来，岛上主要依靠与海岸对侧忠门变电站相连的双回 10kV 海底电缆供电。

近年来，随着湄洲岛用电负荷快速增长，海缆供电能力已显得不足，并且海底电缆的安全性也较难保障。湄洲岛 10kV 配电网属于典型的海岛末端配电网，呈现以下现状特征：

（1）湄洲岛上没有变电站，所需电源需从忠门变电站出线，仅靠 10kV 线路供电，而且均靠 2 条海缆供电，海缆易出现故障且抢修难度大，导致供电可靠性差。

（2）10kV 线路长度过长（达 25km），线路分段过少。

（3）总户数超过 1 万户，低电压户数超过 1 千户，占比约 10%。

（4）岛上妈祖庙每年有多次保供电任务，包括除夕、妈祖诞辰和中秋晚会等。

如某次直播的中秋晚会负荷较大，灯光 2000kW，音响及转播车 250kW，灯光效果变换所带来的负荷波动和冲击显著，当时调拨了多辆发电车集中保供电。

为了提升湄洲岛供电可靠性，国网福建电力公司组织福建电力科学研究院牵头实施，中国电力科学研究院和许继集团有限公司共同承担，建设湄洲岛储能电站。湄洲岛储能电站选址为靠近湄洲岛 10kV 开闭所，并且新建 1 回 10kV 妈祖庙线为妈祖庙供电，该专线正常时作为公网市电为妈祖庙供电，故障时储能电站黑启动为妈祖庙提供应急电源服务。

湄洲岛储能电站现场应用如图 3-34～图 3-36 所示。

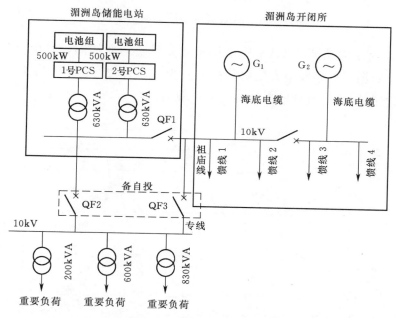

图 3-34　湄洲岛储能电站接入 10kV 配电网拓扑图

图 3-35　湄洲岛储能电站并网点配电设备及站用电系统

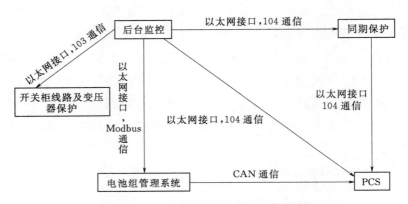

图 3-36 储能电站主设备通信架构

图 3-37 所示为湄洲岛 10kV 配电网某年夏季负荷曲线图, 其中负荷最高峰接近 7.2MW, 而湄洲岛海缆最大供电负荷电流为 250A×2 (4.1×2MW), 负载率为 87.8%, 储能电站的出力目标为将海缆的负载率调整为 60%～80%。

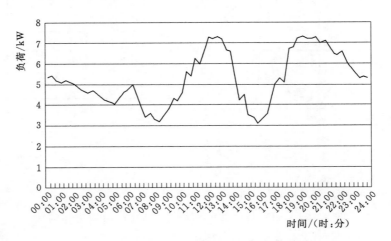

图 3-37 湄洲岛夏季典型性负荷曲线图

从图 3-38、图 3-39 可以看到, 储能电站出力后起到很好的削峰填谷作用, 使湄洲岛的负荷平稳, 处于最经济负载率运行状态。

3.4.3 江苏电网侧储能电站项目

2017 年江苏镇江谏壁电厂 3 台 33 万 kW 调峰老机组退役, 镇江燃机 2 台 44 万 kW 机组因故未能按计划投运, 镇江东部电网 2018 年迎峰度夏期间缺电 20 万 kW, 为此在江苏镇江建设 101MW/(202MW·h) 电网侧分布式储能电站, 该工程于 2018 年 7 月 18 日正式并网投运, 成为了目前国内规模最大的电网侧储能电站项目。有别于电源侧储能电站与负荷侧储能电站, 该电网侧储能电站主要面向电网调控运

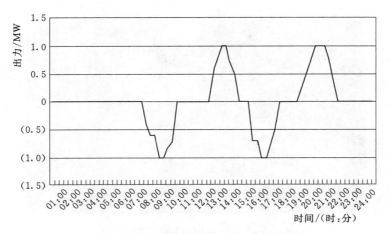

图 3-38 湄洲岛储能电站出力曲线图

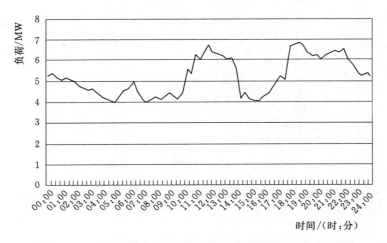

图 3-39 经储能电站削峰填谷后的湄洲岛负荷曲线图

行，不仅为区域电网迎峰度夏期间的安全平稳运行提供保障，还接受区域电网调峰、调频、调压、应急响应和黑启动等应用需求。

图 3-40 为其中的建山站现场示意图。该项目储能系统的现场安装均采用集装箱式设计方案。每个 40 英尺集装箱配置 2MW·h 电池，分别通过 2 个位于 PCS 升压舱内的 500kW PCS 逆变后，接至同在舱内的升压分裂变压器的低压侧，升压后接至 10kV/35kV 配电装置实现汇流。一次接入方案考虑就近接入电网的原则，依据储能规模不同以一回或多回 10kV/35kV 电缆接入附近 110kV/220kV 变电站。为保证储能电站满功率有功出力时并网点的电压稳定性，还在低压母线侧配置了一定容量的 SVG 无功补偿装置。

如图 3-41 所示，储能电站监控系统通过读取从调度主站根据当天负荷预测结

图 3-40　江苏镇江建山储能电站

果下发的充放电计划曲线，对储能电站进行分时段控制，实现调峰功能。在远方 AGC 调度控制模式下，通过增加储能电站的分区属性，与区域内火电及燃机机组等一同进行断面控制。

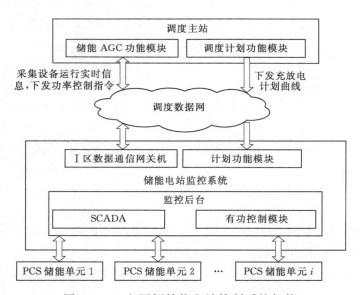

图 3-41　电网侧储能电站控制系统架构

　　该地区负荷早晚两峰特性明显，且平段负荷水平也较高，均需要储能电站发挥调峰作用，因而以"多充多放"的运行模式接受调度指令，如图 3-42 所示。

　　图 3-43 为江苏镇江建山储能电站一天内有功出力曲线，从图 3-43 中可以看出，该天 10：00—11：00 和 15：00—16：30 为负荷高峰期，储能电站处于放电运行模式，02：00—05：00 和 11：30—12：30 为负荷低谷期，储能电站处于充电运行模式。

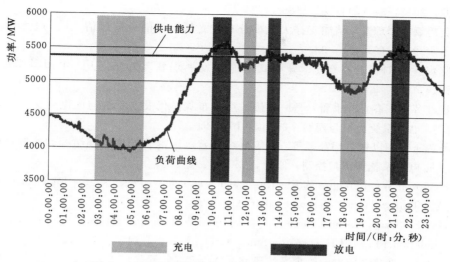

图 3-42 电网侧储能"多充多放"运行模式

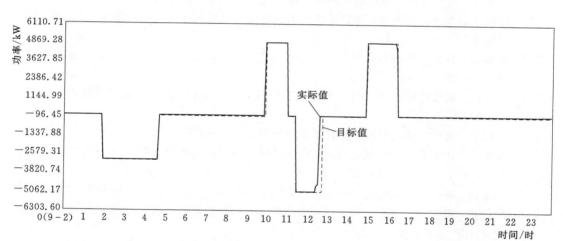

图 3-43 江苏镇江建山储能电站一天（2018年7月30日）出力曲线

参 考 文 献

［1］ 李建林，等. 大规模储能技术［M］. 北京：机械工业出版社，2016.

［2］ 吴福保，杨波，叶季蕾，等. 电力系统储能应用技术［M］. 北京：中国水利水电出版社，2014.

［3］ 张庆海，彭楚武，陈燕东. 一种微电网多逆变器并联运行控制策略［J］. 中国电机工程学报，2012，32（25）：126-131.

［4］ 王兆安，黄俊. 电力电子技术［M］. 4版. 北京：机械工业出版社，2000.

［5］ 刘振亚. 中国电力与能源［M］. 北京：中国电力出版社，2012.

［6］ 张建兴，张宇，曹智慧. 电网大规模电池储能技术的发展机遇与挑战［J］. 电力与能

源，2013，34（2）：182 - 186.

[7]　黄碧斌，李琼慧. 储能支撑大规模分布式光伏接入的价值评估 [J]. 电力自动化设备，2016，(6)：88 - 93.

[8]　陈海生，刘畅，齐智平. 分布式储能的发展现状与趋势 [J]. 中国科学院院刊，2016，(2)：224 - 231.

[9]　崔红芬，汪春，叶季蕾，等. 多接入点分布式光伏发电系统与配电网交互影响研究 [J]. 电力系统保护与控制，2015，(10)：91 - 97.

[10]　桑丙玉，陶以彬，郑高，等. 超级电容 _ 蓄电池混合储能拓扑结构和控制策略研究 [J]. 电力系统保护与控制，2014，42（2）：1 - 6.

[11]　Kempton W，Letendre S. Electric vehicles as a new power source for electric utilities [J]. Transportation Research：Part D，1997，2（3）：157 - 175.

[12]　Han S，Sezaki K. Development of an optimal vehicle - to - grid aggregator for frequency regulation [J]. IEEE Trans on Smart Grid，2010，1（10）：65 - 72.

[13]　王中昂. 钠硫储能电池管理系统研究 [D]. 武汉：武汉理工大学，2012.

[14]　袁永军. 纯电动汽车用电池管理系统研究 [D]. 上海：同济大学，2009.

[15]　程时杰，李刚，孙海顺，等. 储能技术在电气工程领域中的应用与展望 [J]. 电网与清洁能源，2009，2（25）：1 - 7.

[16]　孙晨曦，陈剑，张华民，等. 电流密度和温度对 VRB 性能的影响 [J]. 电池，2009，39（6）：297 - 300.

[17]　刘汉民. 钒液流电池应用电力系统的若干特性实验分析 [J]. 华北电力技术，2011，12：1 - 4.

[18]　郑杭波. 新型电动汽车锂电池管理系统的研究与实现 [D]. 北京：清华大学，2004.

[19]　郑竞宏，王燕廷，李兴旺，等. 微电网平滑切换控制方法及策略 [J]. 电力系统自动化，2011，35（18）：17 - 24.

[20]　江文锋. 硬碳材料在锂离子电池负极中的应用研究 [D]. 上海：复旦大学，2013.

[21]　唐英伟，张建平，邓聪，等. 高速大功率飞轮储能装置的特性与应用 [J]. 新型工业化，2018，(4)：20 - 26.

[22]　赵思锋，唐英伟，王赛，王大杰. 基于飞轮储能技术的城市轨道交通再生能回收控制策略研究 [J]. 储能科学与技术，2018，7（03）：524 - 529.

[23]　尹丽. 全钒液流电池储能系统仿真建模及其应用研究 [D]. 长沙：湖南大学，2014.

[24]　王文亮，秦明，刘卫. 大规模储能技术在风力发电中的应用研究经济发展方式转变与自主创新 [D]. 第十二届中国科学技术协会年会，2010：1 - 6.

[25]　梁亮，李建林，惠东. 大型风电场用储能装置容量的优化配置 [J]. 高电压技术，2011，37（4）：930 - 936.

[26]　曾杰. 电池储能电站在风力发电中的应用研究 [J]. 广东电力，2010，23（11）：1 - 5.

[27]　唐志伟. 钒液流储能电池建模及其平抑风电波动研究 [D]. 吉林：东北电力大学，2011.

[28]　李碧辉，申洪，汤涌，等. 风光储联合发电系统储能容量对有功功率的影响及评价指标 [J]. 电网技术，2011，35（4）：123 - 128.

[29]　辛光明，刘平，王劲松. 风光储联合发电技术分析 [J]. 华北电力技术，2012，

1：64 - 67.

[30] 谢石骁. 混合储能系统控制策略与容量配置研究 [D]. 杭州：浙江大学，2012.

[31] 张野，郭力，贾宏杰，等. 基于电池荷电状态和可变滤波时间常数的储能控制方法 [J]. 电力系统自动化，2012，36（6）：34 - 62.

[32] 张学庆，刘波，叶军，等. 储能装置在风光储联合发电系统中的应用 [J]. 华东电力，2010，38（12）：1895 - 1897.

[33] 谢毓广，江晓东. 储能系统对含风电的机组组合问题影响分析 [J]. 电力系统自动化，2011，35（5）：19 - 24.

[34] 张国驹，唐西胜，齐智平. 超级电容器与蓄电池混合储能系统在微网中的应用 [J]. 电力系统自动化，2010，34（12）：85 - 89.

第4章 智能配电网中的电动汽车直流充电技术

电动汽车是全部或部分由电能直接驱动电动机作为动力系统的汽车，按照电动汽车的车辆驱动原理和技术现状，一般将其划分为纯电动汽车（electric vehicle，EV）、混合动力汽车（hybrid electric vehicle，HEV）以及燃料电池电动汽车（fuel cell electric vehicle，FCEV）三种类型。电动汽车也属于新能源汽车，图4-1给出了电动汽车和新源汽车之间的分类关系。

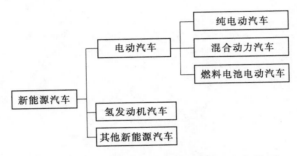

图4-1 电动汽车与新能源汽车的分类关系

按照电动汽车电能补给方式划分，目前主要有交流充电、直流充电、电池更换和无线充电四种。

（1）交流充电方式。一般称为慢充，由电网提供220V或者380V交流电源，经过车载充电装置，实现对电池的充电。该方式充电时间较长，充电功率小，适合小型纯电动车以及混合动力运行的汽车。

（2）直流充电方式。一般称为快充，由充电桩提供直流电源，直接为车上的电池进行充电，省去了车载充电装置，有利于车身自重的减轻。该方式直流电压等级高，充电时间短，充电功率大，适合电动公交车等大型电动汽车。

（3）更换电池组方式。当车载电池组电量不足时，进行拆卸和更换。该方式所需时间短，但是需要建设大量的电池更换站，维护成本高。

（4）无线充电方式。称为非接触式充电，该方式需在路面上嵌入电气元件，保证车辆行驶的过程中随时充电，不受地点限制，但是由于技术等原因，目前尚未得到普及应用。

电动汽车充电桩的功能类似于加油站里面的加油设备，如图4-2所示，可以

图 4-2 电动汽车充电桩

固定在地面或墙壁，安装于公共建筑（楼宇、商场、停车场等）、居民小区或充电站内。电动汽车充电桩的输入端与交流电网相连接，输出端装有充电插头。

本章主要针对当前电动直流充电桩主动方案进行简要介绍，从功率主电路拓扑和与充电控制策略角度出发，阐述其基本原理与工作特性。

4.1 电动汽车直流充电桩系统构成

4.1.1 系统总体结构

直流充电桩系统总体构成如图 4-3 所示，包括功率模块、系统控制单元、充电计费单元、人机交互界面和输入输出接口等。其中，功率模块是充电桩的主体部分，包括 AC/DC 整流器和高频 DC/DC 变换器；系统控制单元是保证充电桩能够稳定工作的关键部件；其他充电计费单元、人机交互界面以及充电接头等为辅助配件。为了扩大电源输入电压范围，降低器件开关损耗，并且进一步提高充电桩的功率因数和适用性，在直流充电桩设计中引入功率因数校正（power factor correction，PFC）与软开关技术。

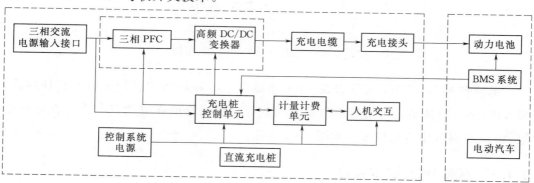

图 4-3 直流充电桩系统总体结构

4.1.2　AC/DC 整流器

功率因数是衡量电气设备性能的一项重要指标，提高功率因数有两种典型方法：一种是被动地安装补偿设备来进行功率因数校正（passive power factor correction，PPFC）；一种是主动地对整流器本身应用功率因数校正技术（active power factor correction，APFC）。

传统的 PPFC 方法是加装无源调谐滤波器，通常由电容器、电抗器和电阻器适当组合而成的滤波装置，与谐波源并联，起到旁路谐波和补偿无功作用，但是，无源调谐滤波器存在明显的缺陷，它对负载变化的适应性较差，且滤波器的体积和重量较大。近年来，采用有源电力滤波器（active power filter，APF）的方式也受到广泛关注，但是设备投资成本相对来说要高不少。

APFC 技术是从整流电路的拓扑设计上解决谐波畸变和功率因数问题，在电动汽车直流充电桩前级 AD/DC 电路中应用 APFC 技术，主要是实现以下效果：①输入电流的 THD 小于 5%；②输出电压可在一定范围内进行调节；③实现高转换效率。

图 4-4 所示为三相单开关 PFC 拓扑，采用 BOOST 变换器和全桥整流来实现 PFC 功能，具有结构简单、开关器件少、成本低和易于控制等优点，不过因为开关应力大和导通损耗较高等缺点，限制了其在高压大功率场合下的应用。

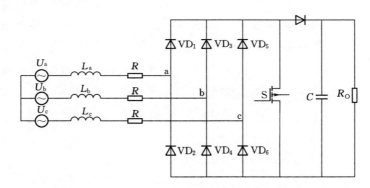

图 4-4　三相单开关 PFC 拓扑图

奥地利 Kolar J. W. 等学者在 1994 年提出了一种新型的三相三电平拓扑结构，即 VIENNA 整流器，可实现单位功率因数等功能，目前在电动汽车直流充电桩前级 AC/DC 电管中应用较多，如图 4-5 所示。

4.1.3　高频 DC/DC 变换器

高频化和软开关技术在提高电动汽车直流充电桩功率密度和转换效率方面得到

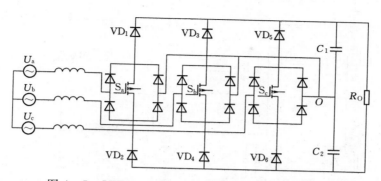

图 4-5 VIENNA 型三相三电平整流电路拓扑图

了深入应用,为帮助读者更好理解,首先对软开关技术进行简单描述。

通常在分析电力电子电路时,会将其中的开关理想化,认为开关状态的转换是在瞬间完成的,而忽略了开关过程对电路的影响。实际应用时,开关是非理想化的,开关过程会产生噪声和损耗,因而当开关频率较高时,需要引入软开关技术。具体做法为:在原来的开关电路中增加很小的电感 L_r、电容 C_r 等器件,构成辅助换流网络,在开关过程前后引入谐振环节,使得开关开通前其两端电压为零,或者使得开关关断前其电流为零,前者称之为零电压开通技术,后者则称之为零电流关断技术,两者典型的开关过程如图 4-6 所示。

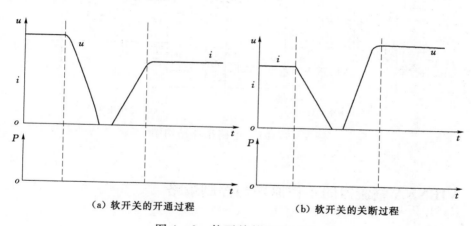

(a) 软开关的开通过程　　　　　　　(b) 软开关的关断过程

图 4-6 软开关的开关过程

电动汽车直流充电桩后级 DC/DC 电路通常工作于高压大功率和输出连续可调工况,出于可靠性考虑,还需要采用高频隔离方案。图 4-7 所示的就是一种采用经典移相全桥电路的高频隔离方案,其中,隔直电容 C_p 的作用为防止变压器磁芯因直流磁化而导致饱和,饱和电感 L_{rb} 可补充软开关时的漏感能量。

传统移相全桥电路虽然可以在一定范围内实现软开关,但存在软开关范围较窄和一次环流损耗较大等缺点,为实现全范围软开关,全桥型和半桥型 LLC 电路被

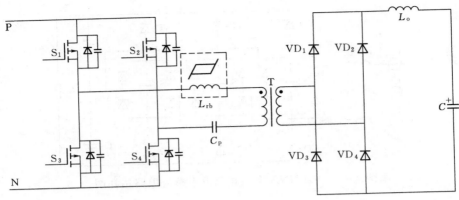

图 4-7 移相全桥电路

提出，如图 4-8 所示。该电路结构拓扑简单，工作效率高，无需任何附加网络即可实现原边零电压开通（ZVS）和副边零电流关断（ZCS），在直流充电桩应用中是一种优选拓扑。值得注意的是，LLC 电路特性高度依赖于谐振参数，因此关键参数选配十分重要，后文将做进一步介绍。

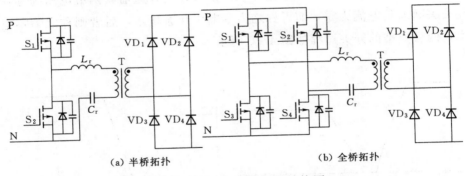

（a）半桥拓扑　　　　　　　　　　　　　　（b）全桥拓扑

图 4-8 LLC 电路拓扑结构图

4.2 VIENNA 整流器的工作原理与控制策略

4.2.1 VIENNA 整流器的工作原理

以三相三电平 VIENNA 整流器为例，介绍其工作原理与开关模态。如图 4-9（a）所示的四端开关，由全控型开关器件 S 和四个快恢复二极管组成。当 S 关断和电流流入开关时，电流由 1 端入 3 端出，相当于 1、3 连通，如图 4-9（b）所示；当 S 关断和电流流出开关时，电流由 4 端入 1 端出，相当于 1、4 连通，如图 4-9（c）所示；当 S 导通和电流流入开关时，电流由 1 端入 2 端出，相当于 1、2 连通，如

图 4-9 (d) 所示；当 S 导通和电流流出开关时，电流由 2 端入 1 端出，相当于 2、1 连通，如图 4-9 (e) 所示。

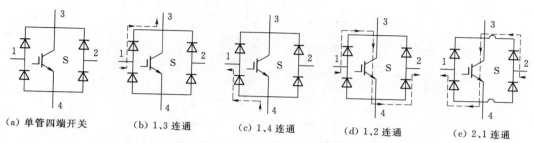

| (a) 单管四端开关 | (b) 1、3 连通 | (c) 1、4 连通 | (d) 1、2 连通 | (e) 2、1 连通 |

图 4-9 四端开关及工作模态

可将图 4-5 进一步等效，如图 4-10 所示。其中，U_a、U_b、U_c 为三相对称输入电源，L_a、L_b、L_c 为输入滤波电感，R 为等效电阻，SW_a、SW_b、SW_c 是等效开关，$VD_1 \sim VD_6$ 为 6 个快恢复功率二极管，C_1、C_2 为直流侧电容，R_L 为等效负载。

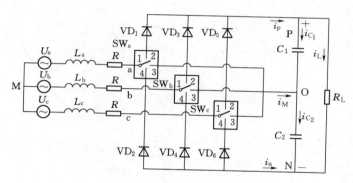

图 4-10 VIENNA 整流器等效拓扑图

以整流电路的桥臂 a 为例，当开关 SW_a 中的 S 导通时，相当于开关的 1、2 端连通，a 相输入电压 u_a 被钳位于直流母线中点 O 的电位，以 O 为参考点，则有 $u_{aO}=0$。当开关 SW_a 中的 S 关断时，若 a 相电流 $i_a<0$，相当于开关的 1、4 端连通，则 $u_{aO}=u_{C_2}$；若 a 相电流 $i_a>0$，相当于开关的 1、3 端连通，则 $u_{aO}=u_{C_1}$。

定义 VIENNA 整流器开关函数，S_i $(i=a,b,c)$ 为第 i 相的开关状态，则有

$$S_i(i=a,b,c)=\begin{cases}0(MOSFET)_i \text{ 关断}\\ 1(MOSFET)_i \text{ 导通}\end{cases} \tag{4-1}$$

将三相三电平 VIENNA 整流器拓扑进一步等效与简化，如图 4-11 所示。

将每个工频周期划分为 6 个相等的区间，分析 VIENNA 电路的工作过程，如图 4-12 所示。

以扇区 I（$u_a>0$，$u_b<0$，$u_c>0$）为例，三相 VIENNA 整流器在扇区 I 内的

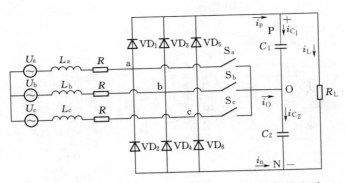

图 4 - 11　三相 VIENNA 整流器开关函数等效电路

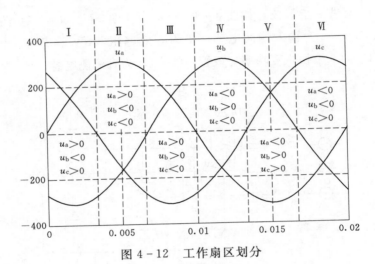

图 4 - 12　工作扇区划分

8 个开关状态和工作过程，如图 4 - 13 所示，其中粗线表示有电流流过，其他区间的工作过程与扇区 Ⅰ 的情况相类似。

（1）状态 0（000）。开关管 S_a、S_b、S_c 全部关断，$U_{aO}=U_{dc}/2$，$U_{bO}=-U_{dc}/2$，$U_{cO}=U_{dc}/2$，C_1 和 C_2 充电。

（2）状态 1（001）。开关管 S_a、S_b 关断，S_c 导通，$U_{aO}=U_{dc}/2$，$U_{bO}=-U_{dc}/2$，$U_{cO}=0$，C_1 和 C_2 充电。

（3）状态 2（010）。开关管 S_a、S_c 关断，S_b 导通，$U_{aO}=U_{dc}/2$，$U_{bO}=0$，$U_{cO}=U_{dc}/2$，C_1 充电，C_2 放电。

（4）状态 3（011）。开关管 S_a 关断，S_b、S_c 导通，$U_{aO}=U_{dc}/2$，$U_{bO}=0$，$U_{cO}=0$，电容 C_1 充电，C_2 放电。

（5）状态 4（100）。开关管 S_b、S_c 关断，S_a 导通，则 $U_{aO}=0$，$U_{bO}=-U_{dc}/2$，$U_{cO}=U_{dc}/2$，C_1 放电，C_2 充电。

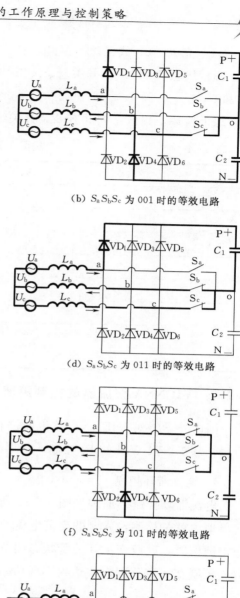

（a）$S_a S_b S_c$ 为 000 时的等效电路

（b）$S_a S_b S_c$ 为 001 时的等效电路

（c）$S_a S_b S_c$ 为 010 时的等效电路

（d）$S_a S_b S_c$ 为 011 时的等效电路

（e）$S_a S_b S_c$ 为 100 时的等效电路

（f）$S_a S_b S_c$ 为 101 时的等效电路

（g）$S_a S_b S_c$ 为 110 时的等效电路

（h）$S_a S_b S_c$ 为 111 时的等效电路

图 4-13 扇区 I 工作过程

（6）状态 5（101）。开关管 S_b 关断，S_a、S_c 导通，$U_{aO}=0$，$U_{bO}=-U_{dc}/2$，$U_{cO}=0$，电容 C_1 放电，C_2 充电。

（7）状态 6（110）。开关管 S_c 关断，S_a、S_b 导通，$U_{aO}=0$，$U_{bO}=0$，$U_{cO}=$

$U_{dc}/2$，C_1 充电，C_2 放电。

（8）状态 7（111）。开关管 S_a、S_b、S_c 全部导通，$U_{aO}=0$，$U_{bO}=0$，$U_{cO}=0$，C_1 和 C_2 放电。

综上所述，扇区 I 内共有 8 个开关组合，见表 4 - 1。

表 4 - 1　　　　　　　　　　扇区 I 开关组合表

S_a	S_b	S_c	U_{AO}	U_{BO}	U_{CO}
0	0	0	$U_{dc}/2$	$-U_{dc}/2$	$U_{dc}/2$
0	0	1	$U_{dc}/2$	$-U_{dc}/2$	0
0	1	0	$U_{dc}/2$	0	$U_{dc}/2$
0	1	1	$U_{dc}/2$	0	0
1	0	0	0	$-U_{dc}/2$	$U_{dc}/2$
1	0	1	0	$-U_{dc}/2$	0
1	1	0	0	0	$U_{dc}/2$
1	1	1	0	0	0

4.2.2　VIENNA 整流器的控制策略

国内外学者对 VIENNA 整流器进行了大量研究，下面简要介绍几种，如滞环控制、基于 SVPWM 的 PI 控制、单周期控制、滑模变结构控制、无源控制等。

1. 电流滞环控制

电流滞环控制的原理如图 4 - 14 所示，采用滞环对交流侧电流进行跟踪控制，简单地说就是检测输入侧的交流电流和输入侧的交流电压波形相比较，当偏差超过一定阈值时，就改变主开关管状态调节输入电流大小，并把输入电流和电压的相位偏差控制在一定范围内，达到实现功率因数校正的目的。

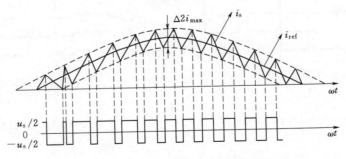

图 4 - 14　电流滞环控制的原理图

采用滞环控制的 VIENNA 整流器整体控制框图，如图 4 - 15 所示，含三个部分，包括外环的直流电压 PI 控制、内环的电流滞环控制和中点电位平衡的 PI 控

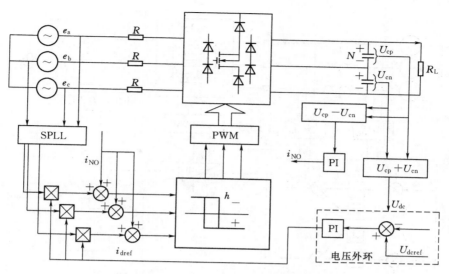

图 4 - 15　VIENNA 整流器滞环控制

制。其中，电压外环的主要作用是稳定直流输出电压，同时为电流内环提供三相电流参考值；滞环控制器实时检测电流信息作为输入，当电流误差值大于或者小于设定环宽时，输出信号会改变开关状态使电流朝着相反的方向调节。

电流滞环控制属于暂态控制，具备响应快速、鲁棒性好、简单易行等优点，但也存在开关频率不固定等缺点，不过定频滞环控制也有不少成熟的应用。

2. 基于 SVPWM 的 PI 控制

基于 SVPWM 的 VIENNA 整流器 PI 控制，如图 4 - 16 所示。将三相电流和电压进行坐标变换，在 d 轴、q 轴下对电流进行 PI 调节，电压外环的主要作用也是稳定直流输出电压。

3. 单周期控制

单周期控制是由美国学者 Keyue M. Smedley 和 Slobodan Cuk 所提出，通过在每个开关周期内控制输出变量平均值与参考量之间的关系，来消除输出量和参考量之间的误差。传统单周期控制器的简要结构如图 4 - 17 所示，由 RS 触发器（D 触发器）、积分器、比较器以及时钟等组成。

4. 滑模变结构控制

图 4 - 18 为 VIENNA 整流器的滑模变结构控制框图，内环电流控制采用 PI 控制器，外环采用滑模控制器来控制直流电压输出，以减小系统的扰动。

5. 无源控制

无源性这个词最早起源于电路网络，后被 Lurie 和 Popov 引入到控制理论中，形成了无源控制方法。从本质上讲，伴随着能量变化（增加或衰减），可以通过能

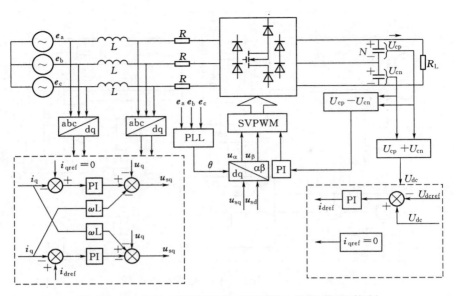

图 4 - 16　基于 SVPWM 的 VIENNA 整流器 PI 控制

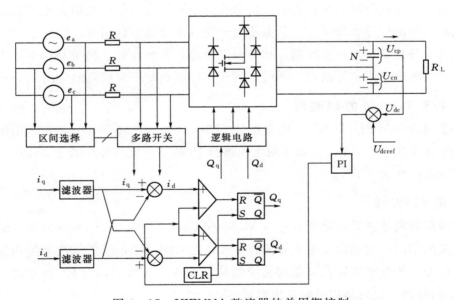

图 4 - 17　VIENNA 整流器的单周期控制

量函数来表征系统特性，通过控制能量函数来达到控制系统的目的。

　　VIENNA 整流器的无源控制如图 4 - 19 所示，外环电压采用 PI 控制，内环电流采用无源控制。无源控制器采用状态误差来构造能量存储函数，通过注入阻尼使系统快速收敛，并根据误差存储函数的收敛条件来设计内环的无源控制器，实现有功变量和无功变量的解耦控制。

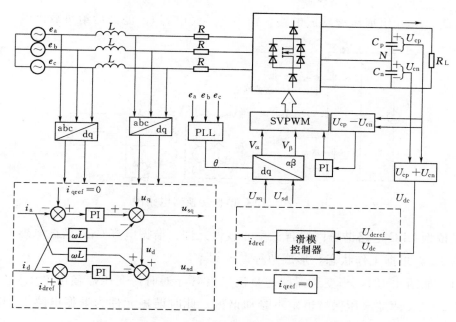

图 4 - 18　VIENNA 整流器的滑模变结构控制

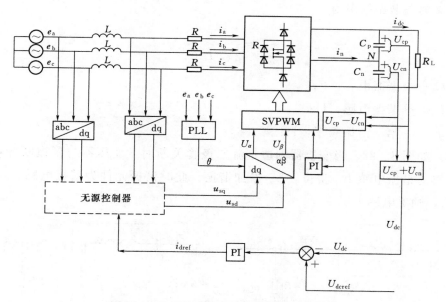

图 4 - 19　VIENNA 整流器的无源控制

4.3　LLC 谐振变换器的运行机理与稳态特性

　　LLC 谐振变换器的示例如图 4 - 20 所示，主开关管 S_1 和 S_2 呈半桥结构，谐振电容 C_r、谐振电感 L_r 和变压器励磁电感 L_m 构成 LLC 的谐振网络，变压器副边二

极管 VD_1、VD_2 组成全波整流电路，输出电压经电容 C_o 滤波后给负载供电。

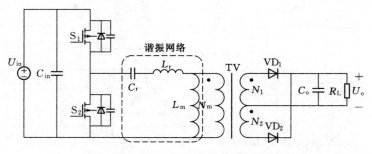

图 4 - 20　LLC 谐振变换器电路图

半桥型 LLC 电路谐振网络含三个非线性元件：谐振电容 C_r，谐振电感 L_r 和励磁电感 L_m，根据工作状态，形成两种谐振频率。

（1）如图 4 - 21，当变压器副边整流二极管导通时，变压器输出电压箝位励磁电感 L_m，L_m 两端电压保持恒定不参加谐振；此时谐振元件为谐振电感 L_r 和谐振电容 C_r。

定义第一谐振频率为

$$f_r = \frac{1}{2\pi\sqrt{L_r C_r}} \qquad (4-2)$$

式中　C_r——谐振电容，F；

　　　L_r——谐振电感，H；

　　　f_r——第一谐振频率，Hz。

（2）如图 4 - 22，当变压器副边整流二极管关断时，变压器与副边断开，输出电压不再对谐振电感 L_m 箝位，L_m 参加谐振。此时谐振元件为谐振电感 L_r，谐振电容 C_r，励磁电感 L_m。

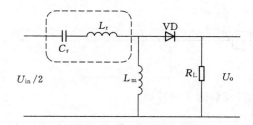 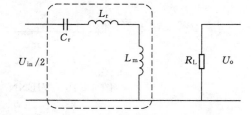

图 4 - 21　第一谐振频率时的谐振腔参数　　图 4 - 22　第二谐振频率时的谐振腔参数

定义第二谐振频率为

$$f_m = \frac{1}{2\pi\sqrt{(L_m + L_r)C_r}} \qquad (4-3)$$

式中　L_m——励磁电感，H；

　　　f_m——第二谐振频率，Hz。

LLC 谐振变换器具有不同的工作模式，根据开关频率 f_s 与谐振频率 f_r、f_m 的关系，可分为 $f_s<f_m$，$f_m<f_s<f_r$，$f_s=f_r$ 和 $f_s>f_r$ 四种情况，通过调节开关频率 f_s 来控制能量的传输。

（1）当 $f_s<f_m$ 时，谐振变换器工作在容性状态，开关管不能实现零电压开通（ZVS），开关损耗较大。

（2）当 $f_m<f_s<f_r$ 和 $f_s=f_r$ 时，LLC 谐振变换器不但能够实现原边开关管的零电压开通（ZVS），还可以实现副边整流二极管的零电流关断（ZCS），LLC 谐振变换器工作于软开关状态，开关损耗较小。

（3）当 $f_s>f_r$ 时，励磁电感 L_m 两端的电压始终被输出电压钳位，L_m 不参与谐振过程，在这一工作区域，LLC 谐振变换器能够实现开关管的零电压开通（ZVS），但是不能实现副边整流二极管的零电流关断（ZCS）。

4.3.1　LLC 谐振变换器的运行机理

讨论 LLC 谐振变换器工作在 $f_m<f_s<f_r$ 和 $f_s=f_r$ 时的工作模式时，先作假设：①功率开关管（S_1、S_2）、二极管（VD_1、VD_2）、电容（C_r）、电感（L_r、L_m）及变压器均视为在理想状态下；②开关管 S_1、S_2 的寄生电容（C_1、C_2）不参与谐振；③输出滤波电容 C_o 很大，输出电压近似为一恒定的直流电压。

1. $f_m<f_s<f_r$ 时的工作模式分析

在该工作模式下，当谐振电流 i_r 等于励磁电流 i_{L_m} 时，续流工作过程开始，并持续到此半个开关周期结束为止。原边开关管可以实现零电压开通，副边整流二极管可以实现零电流关断，该工作区称为 Boost 区，主要工作波形如图 4 - 23 所示，流过串联谐振电感 L_r 的谐振电流 i_r 等于流过励磁电感 L_m 的电流 i_m 与变压器原边电流之和。图 4 - 23 中，U_{g1} 与 U_{g2} 分别为功率管 S_1 与 S_2 的驱动电压，i_{d1} 与 i_{d2} 分别为流经变压器副边二极管 VD_1 与 VD_2 的电流。

死区时间不但防止了上下开关管直通，还让开关管两端电压有充裕的时间下降为零，是 LLC 变换器完成零电压开关的一个重要保证。在死区期间，当谐振电流通过开关管体二极管时，会将开关管的电压钳位于零，等下一个触发脉冲到来，即可实现开关管的零电压开通。此阶段，副边整流二极管电流是断续的，保证二极管的零电流关断，几乎消除了二极管反向恢复损耗，提升了变换器效率。

由于上下管工作模式对称，因此只分析 1 个开关周期内中 4 个模式下的 LLC 谐振变换器工作情况。

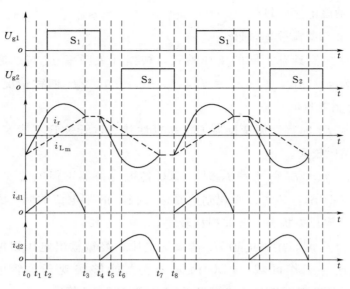

图 4 - 23　$f_m < f_s < f_r$ 时的 LLC 谐振变换器工作波形

（1）工作模态 1（$t_0 \sim t_1$）。如图 4 - 24 所示，当 $t = t_0$ 时，开关 S_1、S_2 处于关断状态，$i_r = i_{L_m} < 0$，变压器原边电流为零，变压器不起作用，L_m 与 C_r、L_r 一起谐振。当 $t > t_0$ 时，C_r 和 L_r 谐振，频率为 f_r，谐振电流 i_r 按正弦规律变大，当 $i_r > i_{L_m}$ 时，变压器边电流为正向，副边二极管 VD_3 导通为电容 C_o 充电。此时，变压器原边电压被负载电压钳位为定值，电流 i_{L_m} 线性上升，L_m 不参与谐振。谐振电流 i_r 为 S_1 的寄生电容 C_1 放电，同时给 S_2 的寄生电容 C_2 充电。当 C_1 放电到零电位时，S_1 的体二极管 VD_1 导通。至 $t = t_1$ 时，该阶段结束。

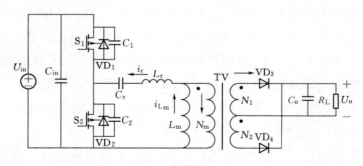

图 4 - 24　工作模态 1（$t_0 \sim t_1$）

（2）工作模态 2（$t_1 \sim t_2$）。如图 4 - 25 所示，当 $t = t_1$ 时，S_2 仍然关断，谐振电流 i_r 反向减小到零并开始正向增大，S_1 的体二极管 VD_1 导通，将开关管 S_1 的电压钳位在零，使得 S_1 零电压开通。此时间段，C_r 和 L_r 谐振，谐振电流 i_r 按正弦规律变大。当 $i_r > i_{L_m}$ 时，变压器原边电流为正向，能量传输至副边，副边二极管 VD_3 导通为电容 C_o 充电，L_m 被副边电压钳位为定值，不参与谐振，L_m 在此电压

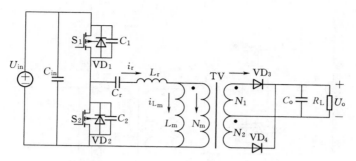

图 4-25 工作模式 2 ($t_1 \sim t_2$)

下线性充电，电流 i_{L_m} 线性上升。当 $t=t_2$ 时，此阶段结束。

（3）工作模式 3 ($t_2 \sim t_3$)。如图 4-26 示，当 $t=t_2$ 时，S_1 零电压开通，S_2 仍然关断。当 $i_r > i_{L_m}$ 时，变压器原边电流为正向，副边二极管 VD_3 导通为电容 C_o 充电，L_m 被副边电压钳位为定值而不参与谐振，L_m 在此电压下线性充电，电流 i_{L_m} 继续线性上升。C_r 和 L_r 继续谐振，谐振电流 i_r 在此时间段正弦增大到峰值后开始下降。当 $t=t_3$ 时，$i_r=i_{L_m}$，此阶段结束。

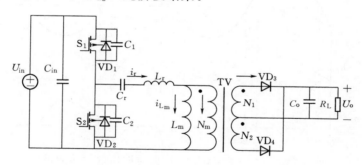

图 4-26 工作模式 3 ($t_2 \sim t_3$)

（4）工作模式 4 ($t_3 \sim t_4$)。如图 4-27 所示，当 $t=t_3$ 时，开关管 S_1 继续导通，S_2 继续关断，i_r 下降到与 i_{L_m} 相等，即 $i_r=i_{L_m}$，此时变压器原边电流降为零，变压器不起作用。由于副边输出被变压器所隔离，L_m 与 C_r 和 L_r 一同谐振，谐振频率为 f_m，谐振电流在 S_1 和谐振腔内循环流动。因为 $L_m \gg L_r$，所以此时谐振周期远大于 L_r 和 C_r 谐振时的周期，此阶段电流值可以看成保持不变，即 $i_r=i_{L_m}$ 为一条水平直线，一直持续到 S_1 关断。当 $t=t_4$ 时，此阶段结束。

2. $f_s=f_r$ 时的工作模式分析

若不考虑死区时间 T_d，当开关频率 $f_s=f_r$ 时，L_m 两端电压被输出电压钳位，不参与谐振，每半个周期都包括一次完整的能量传递，在每半个周期结束时，谐振电感电流 i_r 等于励磁电感电流 i_m，谐振电流近似为完整的正弦波，如图 4-28 所示。此时的工作状态为完全谐振，而二次侧的整流二极管也正处于断续导通转向连

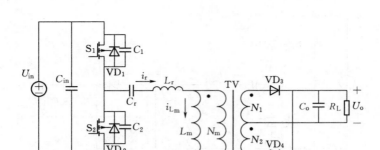

图 4 - 27　工作模态 4（$t_3 \sim t_4$）

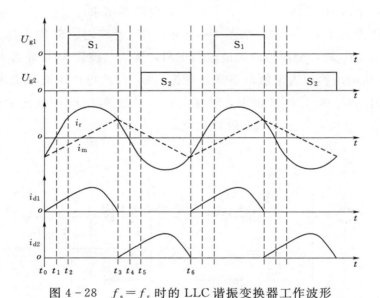

图 4 - 28　$f_s = f_r$ 时的 LLC 谐振变换器工作波形

续导通的临界点，LLC 谐振电路增益为 1，具有最佳工作状态和最高效率。

4.3.2　半桥 LLC 谐振变换器的稳态特性

LLC 电路中谐振电容电压和谐振电感电流都是正弦量，故采用基波分析法对 LLC 谐振变换器进行稳态分析，需要假设：①所有开关管、二极管、电感、电容和变压器均为理想元件；②开关管寄生电容不参与谐振，其影响可以忽略；③输出滤波电容 C_o 取值足够大，输出电压纹波小，近似认为是直流电压；④忽略开关频率谐波，电路中各电量只考虑基波分量。

利用 FHA 法将半桥 LLC 谐振变换器中的线性部分等效成线性电路，并简化成三个部分，开关网络、谐振网络和输出网络，三个网络利用电流源与电压源等效，如图 4 - 29 所示。

将谐振网络的输入电压方波，用傅立叶级数展开：

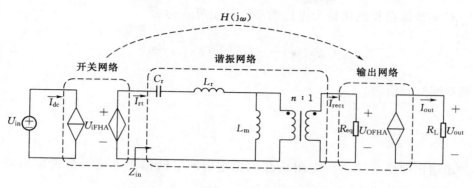

图 4-29 半桥 LLC 谐振变换器的等效电路

$$U_{sq}(t) = \frac{U_{in}}{2} + \frac{2}{\pi}U_{in}\sum_{n=1,2,3\cdots k}\frac{1}{n}\sin(2n\pi f_s t) \qquad (4-4)$$

式中 U_{in}——直流输入电压，kV；

　　　　f_s——开关频率，Hz。

则谐振网络输入电压的基波分量为

$$U_{iFHA}(t) = \frac{2}{\pi}U_{in}\sin(2\pi f_s t) \qquad (4-5)$$

基波有效值为

$$U_{iFHA}(t) = \frac{\sqrt{2}}{\pi}U_{in} \qquad (4-6)$$

谐振网络的输入电流 i_{rt} 为半桥开关网络的输出电流，故谐振网络输入电流的频率与开关频率相同，即

$$i_{rt}(t) = \sqrt{2}\,I_{rt}\sin(2\pi f_s t - \varphi) \qquad (4-7)$$

其中，φ 为谐振网络的阻抗角。在一个开关周期内，开关管导通时输入直流电源才开始向半桥开关网络传输功率，此时，i_{rt} 的直流分量为输入直流电源 U_{in} 的输出电流，则该输出电流为

$$I_{dc}(t) = \frac{1}{T_{sw}}\int_0^{\frac{T_{sw}}{2}} i_{rt}(t)\mathrm{d}t = \frac{\sqrt{2}}{\pi}I_{rt}\cos\varphi \qquad (4-8)$$

同理，谐振网络输出电压可以看作为变换器输出网络的输入电压，对其进行傅立叶分解可得

$$U_{osq}(t) = \frac{4}{\pi}U_{out}\sum_{n=1,3,5\cdots k}\frac{1}{n}\sin(2n\pi f_s t - \theta) \qquad (4-9)$$

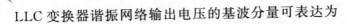

LLC 变换器谐振网络输出电压的基波分量可表达为

$$U_{oFHA}(t) = \frac{4}{\pi} U_{out} \sin(2\pi f_s t - \theta) \tag{4-10}$$

则基波有效值为

$$U_{oFHA}(t) = \frac{2\sqrt{2}}{\pi} U_{out} \tag{4-11}$$

考虑输出网络负载为纯电阻负载，设输出网络的输入电流（即谐振槽输出电流）的傅立叶表达式为

$$i_{rect}(t) = \sqrt{2} I_{rect} \sin(2\pi f_s t - \theta) \tag{4-12}$$

其直流分量为输出网络的直流电流为

$$I_{out} = \frac{2}{T_{sw}} \int_0^{\frac{T_{sw}}{2}} | i_{rect}(t) | \, dt = \frac{2\sqrt{2}}{\pi} I_{rect} = \frac{P_{out}}{U_{out}} \tag{4-13}$$

由此可得输出网络负载的次级等效阻抗：

$$R_{oeq} = \frac{U_{oFHA}}{I_{rect}} = \frac{2\sqrt{2}}{\pi} U_{out} \bigg/ \frac{I_{out}}{2\sqrt{2}/\pi} = \frac{8}{\pi^2} \frac{U_{out}}{I_{out}} = \frac{8}{\pi^2} R_o \tag{4-14}$$

等效到初级，即

$$R_{eq} = \frac{8n^2 R_o}{\pi^2} \tag{4-15}$$

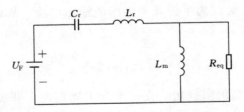

图 4-30　半桥 LLC 谐振变换器的 FHA
等效模型

将图 4-29 再简化，得到 FHA 等效模型，如图 4-30 所示。

同时，可得谐振网络的传递函数为

$$H(j\omega) = \frac{U_{oFHA}(j\omega)}{U_{iFHA}(j\omega)} = \frac{1}{n} \frac{R_{eq} /\!/ j\omega L_m}{Z_{in}(j\omega)} \tag{4-16}$$

其中　$Z_{in}(j\omega) = \frac{1}{j\omega C_r} + j\omega L_r + R_{eq} /\!/ j\omega L_m$

式中 R_{eq}——等效电阻，Ω；

　　　ω——角频率，rad/s。

整理得

$$H(j\omega) = \frac{1}{n} \frac{\omega^2 C_r L_m R_{eq}}{j\omega^3 C_r L_r L_m + \omega^2 C_r R_{eq}(L_r + L_m) - j\omega L_m - R_{eq}} \quad (4-17)$$

　　式（4-17）为半桥LLC谐振变换器FHA等效电路的频率响应公式，为方便后续定性分析，作如下参数定义，即

　　（1）特征阻抗 Z_o 为

$$Z_o = \sqrt{\frac{L_r}{C_r}} = 2\pi f_r L_r = \frac{1}{2\pi f_r C_r} \quad (4-18)$$

式中 Z_o——特征阻抗，Ω。

　　（2）品质因数 Q 为

$$Q = \frac{Z_o}{R_{eq}} = \frac{\sqrt{L_r/C_r}}{8n^2 R_o/\pi^2} = \frac{\pi^3 f_r L_r}{4n^2 R_o} \quad (4-19)$$

式中 n——变比。

　　（3）电感比 K 为

$$K = \frac{L_m}{L_r} \quad (4-20)$$

　　（4）归一化频率 f_n 为

$$f_n = \frac{f_s}{f_r} \quad (4-21)$$

可将谐振网络的传函化简为

$$H(j\omega) = \frac{1}{n} \frac{1}{\left(1 + \frac{1}{K} - \frac{1}{K f_n^2}\right) + jQ\left(f_n - \frac{1}{f_n}\right)} \quad (4-22)$$

则半桥LLC谐振变换器谐振网络的直流电压增益为

$$M = n\,|\,H(j\omega)\,| = \frac{1}{\sqrt{\left(1 + \frac{1}{K} - \frac{1}{K f_n^2}\right)^2 + Q^2\left(f_n - \frac{1}{f_n}\right)^2}} \quad (4-23)$$

　　由式（4-23）所得到的归一化增益公式可知，当 n 一定时，直流增益 M 与 Q、K 有关，以下讨论 K 值、Q 值对直流增益的影响。

　　图4-31是在 $K=5$ 时，不同 Q 值下的直流增益特性曲线；横坐标为归一化频

率 f_n，纵坐标为直流增益 M。图 4-31 中，阻性增益曲线是零电流 ZCS 和零电压 ZVS 的分界线。

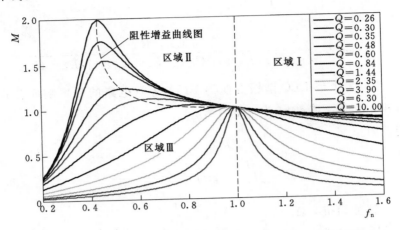

图 4-31　Q 值变化时的直流增益曲线（$n=1$，$K=5$）

根据 f_n 变化，进一步进行分析。如图 4-32 所示，当 $f_n=1$（即 $f_s=f_r$）时，L_r 和 C_r 发生串联谐振，a、b 两端之间相当于短路。因此，谐振腔的阻抗特性依然是感性的，有利于实现开关管的 ZVS。

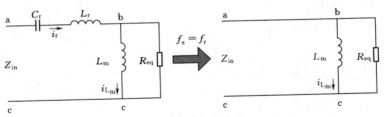

图 4-32　$f_n=1$ 时谐振网络等效图

如图 4-33 所示，当 $f_n<1$（$f_s<f_r$）时，a、b 两端呈感性，由于 b、c 两端也呈感性，故谐振腔总的阻抗特性依然呈感性。

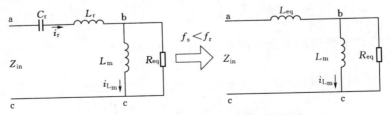

图 4-33　$f_n<1$ 时谐振网络等效图

当电路工作在 $f_n>1$（$f_s>f_r$）时，如图 4-34 的右侧图所示，由 Q 值和 f_n 来判断谐振腔的输入阻抗特性。当 Q 值一定时，归一化频率值越大于 1，输入阻抗特性越呈现容性，越靠近 1，输入阻抗特性越呈感性。当 f_n 值一定时，由 Q 值来判断输入阻抗特性，Q 值小，谐振网络呈感性；Q 值大，谐振网络呈容性。

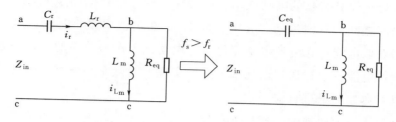

图 4 - 34　$f_n > 1$ 时谐振网络等效图

图 4 - 35 为 $Q = 0.3$ 时，半桥 LLC 谐振变换器在不同 K 值下的直流电压增益特性曲线，以此为例来分析 K 值对直流电压增益特性的影响。

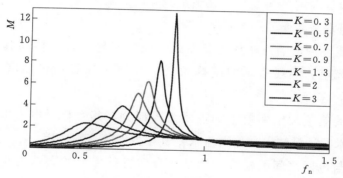

图 4 - 35　不同电感比值下的增益曲线（$n = 1$，$Q = 0.3$）

由图 4 - 35 可以看出，K 值越小，增益曲线越陡峭，意味着：当选取的 K 值较小时，可以在频率变化较小的范围内实现相同的直流电压增益。同时，K 值越小，励磁电感 L_m 越小，变换器的开关损耗将会增大。同样，K 值越大，直流电压增益越小，此时，若输入电压较小，则输出电压无法达到预期设计值。另外，当选取的 K 值较大时，峰值增益会比较小，则工作频率与谐振频率之间的变化范围较大，不利于磁性元件的设计与加工。因此，需要在一个合理的范围内选取 K 值。

4.4　智能配电网中的 V2G 技术

电动汽车及其动力电池相对于电网而言，具有电源与负荷两种角色，既可以作为正常的负荷运行，也可以作为储能装置向电网输送能量，实现削峰填谷。大规模电动汽车接入电网后，电动汽车和电网的互动技术（vehicle to grid，V2G），即电动汽车和电网之间能量与信息的双向传递技术，得到空前的关注和发展。

V2G 技术以智能配电网关键技术为支撑，通过电动汽车与电网之间的双向信息交互，将处于停驶状态的电动汽车作为可移动的分布式储能单元，实现功率在电动汽车与电网之间的双向流动（充电、放电）。在电池电量不足时，电动汽车作为负荷从电网获取电能；在电池电量充足时，电动汽车作为电网的储能设备或备用电源将剩余可控电能反向输送到电网中，进而实现电动汽车与电网的友好互动。V2G技术可在以下典型场景进行应用：

（1）分布式能源的消纳。通过电动汽车充放电优化控制，可以平抑风能和太阳能发电的波动，提高新能源发电的综合效率和接纳新能源发电的能力。

（2）电网的无功支撑。可利用电动汽车等分散资源为电网提供无功支撑。

（3）频率调节。相比于传统的系统调频电源，电动汽车参与调频具有响应速度快的优势。从市场参与的角度看，在满足充放电需求约束条件下，电动汽车可提供一定的参与调频服务容量。

（4）削峰填谷。电动汽车作为分布式的储能装置，可以控制其在负荷高峰时放电、低谷时充电，实现系统的削峰填谷，并通过峰谷电价差取得一定的调峰收益。

V2G 技术是智能配电网技术的重要组成部分，其融合了电力电子技术、通信技术、调度技术、计量技术，以及需求侧管理技术等高端应用。

电动汽车与电网之间的友好互动是社会和科技发展的必然需求。实践和推广V2G 技术，既可以使电动汽车充电由无序变为有序，还可以将存储在动力电池内部的电能向电网释放，从而为电网优化运行和安全稳定提供积极支撑。未来直流配电技术若得到普及，甚至可以直接从汽车连接到家庭（V2H）或者从汽车连接到负荷（V2L），形成一个新的"V2X"概念，如图 4-36 所示，即通过直流供电网络的功率和信息交互，实现"源—网—荷—储—车"的友好互动，实现车对多种能源直接充放电的管理。

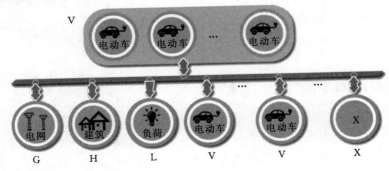

图 4-36　V2X 技术应用场景示意

虽然，近些年来 V2G 技术受到了一定程度的关注和研究，但考虑到电动汽车运行方式的特殊性，在该领域还存在若干技术难题亟待攻克，如电动汽车的集群控制技术、与可再生能源的协同控制技术、海量信息处理与融合技术、接口标准化技术以及兼顾多方利益的商业模式探索等。

4.5 案例分析——电动汽车直流充电桩设计

4.5.1 直流充电桩样机的设计目标

表 4-2 所示为某直流充电桩样机的设计目标，本案例分析将从拓扑结构、控制策略以及实验验证等几个方面开展介绍。

表 4-2   直流充电桩样机的额定参数目标

交流输入	交流电压	304～456V（±20%）
	电网频率	50Hz±10%
	功率因数	≥0.99
直流输出	电压范围	500～900V 连续可调
	输出功率	15kW/30kW
	稳压精度	≤0.5%
	稳流精度	≤1%
	纹波系数	≤0.5%
系统参数	综合效率	≥95%

4.5.2 样机的电路拓扑选择

本案例选取两级式直流充电桩拓扑方案，前级采用 VIENNA 整流器，后级采用半桥 LLC 型直流变换器。直流充电桩样机的电路拓扑如图 4-37 所示。

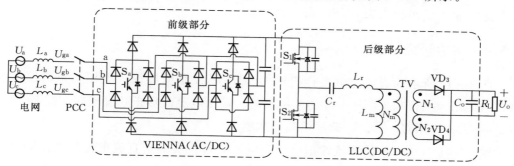

图 4-37 直流充电桩样机的电路拓扑图

4.5.3　样机的控制系统设计

直流充电桩样机的前级三相 VIENNA 整流器控制系统设计如图 4-38 所示，采用经典的电压和电流双闭环控制策略。同时，增加中点平衡控制因子 δ，来动态调节中性点上下电容的电压差。

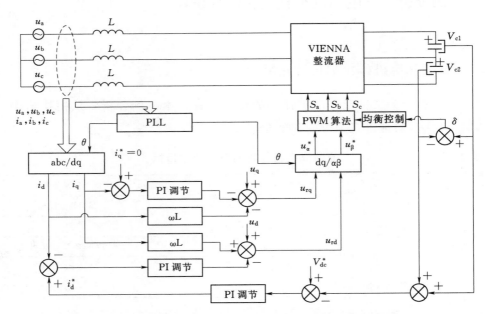

图 4-38　充电桩样机的三相 VIENNA 整体控制框图

图 4-39 给出了 LLC 谐振变换器的多环协调控制策略设计，主要包括：变电压基准的恒压环、变电流基准的恒流环、变功率基准的恒功率环以及当输出电压过低时的限流回缩环，通过以上多个控制环的协调配合来实现输入功率的控制。LLC 谐振变换器变压器原边的控制策略则主要是通过开关频率的调节，实现在 $f_s = f_r$ 工作条件下的完全谐振，即每半个周期结束时，谐振电感电流 i_r 等于励磁电感电流 i_m，此时原边工作状态为 ZVS，副边为 ZCS。

4.5.4　实验研究

图 4-40 所示为直流充电桩样机网侧 VIENNA 整流器输入电压与电流实验波形，以 a 相为例，基于图 4-38 的控制策略，输出电流波形正弦度较好，经 FFT 分析，输入电流 $THD < 5\%$，满足相关标准要求。

图 4-41 为充电桩的直流输出电压和电流波形，实现了直流电压与电流的稳定输出。

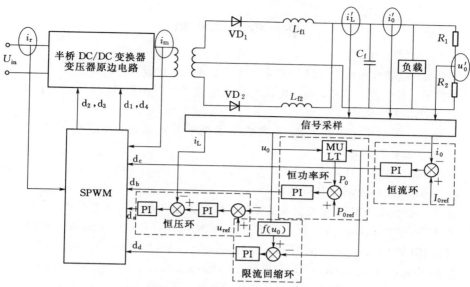

图 4-39 LLC 谐振变换器控制策略

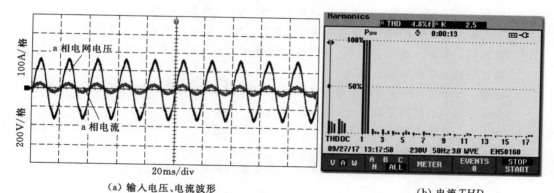

（a）输入电压、电流波形 　　　　　　　　（b）电流 THD

图 4-40 网侧 VIENNA 整流器输入电压和电流实验波形

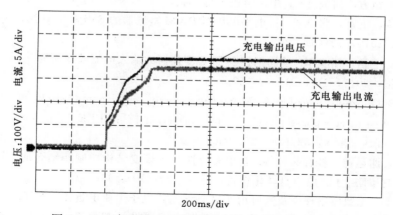

图 4-41 直流充电桩样机输出电压电流实验波形

参 考 文 献

［1］　姜久春. 电动汽车概论［M］. 北京：北京交通大学出版社，2017.

［2］　沈致远，叶一达，王进，等. 电动汽车充电方式比较与设计［J］. 电气应用，2013，32（S2）：81-83.

［3］　王振亚，王学梅，张波，等. 电动汽车无线充电技术的研究进展［J］. 电源学报，2014（03）：27-32.

［4］　Wikipedia. IEC 62196［DB/OL］. 2012-1-3.［2012-1-05］. http：//en. wikipedia. org/wiki/IEC 62196.

［5］　张兴，张崇巍. PWM 整流器及其控制［M］. 北京：机械工业出版社，2003.

［6］　A. Nabae，I. Takahashi，H Akagi. A New Neutral-Point-Clamped PWM Inverter［J］. IEEE Transactions on Industry Applications. 1981，17（5）：518-523.

［7］　J. W. Kolar，F. C. Zach. A Novel Three-Phase Utility Interface Minimizing Line Current Harmonics of High-Power Telecommunications Rectifier Modules［J］. IEEE Transactions on Industry electronics，1997，44（4）：456-467.

［8］　阮新波. 三电平直流变换器及其软开关技术［M］. 北京：科学出版社，2006.

［9］　王久和. 电压型 PWM 整流器的非线性控制［M］. 北京：机械工业出版社，2015.

［10］　徐德鸿，李睿，刘昌金，等. 现代整流器技术——有源功率因数校正技术［M］. 北京：机械工业出版社，2013.

［11］　张豪，侯圣语. 基于 SVPWM 的 Vienna 整流器矢量控制策略的研究［J］. 华北电力大学学报（自然科学版），2012，39（05）：54-58.

［12］　宋卫章，黄骏，钟彦儒，等. 带中点电位平衡控制的 Vienna 整流器滞环电流控制方法［J］. 电网技术，2013，37（7）：1909-1914.

［13］　张东升，韩波，张东来，等. VIENNA 整流器的滞环电流控制研究［J］. 电力电子技术，2008，42（6）：1-2.

［14］　韦徵，陈新，樊轶，等. 单周期控制的三相三电平 VIENNA 整流器输出中点电位分析及控制方法研究［J］. 中国电机工程学报，2013，33（15）：29-37.

［15］　邹学渊，王京，张学勇. 三电平电压型 PWM 整流器的 SVPWM 算法研究［J］. 电气传动，2010，40（6）：28-31.

［16］　江涛，毛鹏，谢少军. 单周期控制 PFC 变换器的输入电流畸变研究［J］. 中国电机工程学报，2011，31（12）：51-57.

［17］　Chen Guozhu，Smedley K M. Steady-state and dynamic study of one-cycle-controlled three-phase power-factor correction［J］. IEEE Transactions on Industry electronics，2005，52（2）：355-362.

［18］　陆祥，谢运祥，桂存兵，等. 基于无源性与滑模变结构控制相结合的 VIENNA 整流器控制策略［J］. 电力自动化设备，2014，34（10）：110-115.

［19］　王久和. 无源控制理论及其应用［M］. 北京：电子工业出版社，2010.

［20］　张振国，李志逢，曲菲. 高效 LLC 谐振变换器设计与仿真［J］. 电源技术，2014，

38（8）：1558－1559.

[21] 黄忠威. 高功率因数 LLC 谐振变换器的研究 [D]. 南宁：广西大学，2014.

[22] 陈申，吕征宇，姚玮. LLC 谐振型软开关直流变压器的研究与实现 [J]. 电工技术学报，2012，10（23）：163－169.

[23] 陆启超，王建赜，纪延超. 基于 LLC 谐振变换器的电力电子变压器 [J]. 电力系统自动化，2014，3（4）：41－46.

[24] 袁义生，罗峰，胡盼安. 一种桥型副边 LLC 谐振直流－直流变换器 [J]. 中国电机工程学报，2014，34（36）：6415－6425.

[25] 李大伟. LLC 谐振开关变换器的研究 [D]. 南京：南京航空航天大学，2010.

[26] Yang B，Lee F C，Zhang A J，et al. LLC resonant converter for front end DC/DC conversion [C]. Applied Power Electronics Conference and Exposition，2002. APEC. Seventeenth IEEE. IEEE，2002，16（2）：1108－1112.

[27] 童辉. 半桥 LLC 谐振 DC/DC 变换器的研究 [D]. 南京：南京理工大学，2012.

[28] 刘冰倩. AVP 控制的 LLC 谐振变换器研究 [D]. 哈尔滨：哈尔滨工业大学，2016.

[29] 陈申. 宽输入高增益隔离型 DC－DC 变换器的研究 [D]. 杭州：浙江大学，2012.

[30] 张东辉，严萍. 利用基波分析法的串联谐振电容充电电源建模 [J]. 高电压技术，2007，12：201－204.

[31] 张华北. LLC 谐振变换器开关损耗特性研究 [D]. 上海：东华大学，2016.

[32] 李进. LLC 谐振变换器的研究与设计 [D]. 武汉：武汉理工大学，2013.

[33] 雷宝. LLC 谐振变换器研究 [D]. 南昌：华东交通大学，2014.

[34] 马皓，祁丰. 一种改进的 LLC 变换器谐振网络参数设计方法 [J]. 中国电机工程学报，2008（33）：6－11.

[35] 戴幸涛. LLC 变换器软开关特性及谐振参数优化研究 [D]. 哈尔滨：哈尔滨工业大学，2012.

[36] Lai Y S，Chen S W. New switching control technique to improve the efficiency under light load condition for LLC converter with large magnetizing inductance [C]. Telecommunications Energy Conference. IEEE，2015，10（9）：1－6.

[37] Erickson，Robert W. Fundamentals of Power Electronics [M]. 2nd Edition. USA：Kluwer Academic Publishers，2000.

[38] 罗阳. 半桥 LLC 谐振变换器的控制环路设计 [D]. 南京：东南大学，2017.

[39] 刘晓飞，张千帆，崔淑梅. 电动汽车 V2G 技术综述 [J]. 电工技术学报，2012，27（2）：121－127.

[40] 李付存. 电动汽车 V2G 技术及其充电机的研究 [D]. 哈尔滨：哈尔滨工业大学，2013.

[41] E Sortomme，MA El－Sharkawi. Optimal Charging Strategies for Unidirectional Vehicle－to－Grid [J]. IEEE Transactions on Smart Grid，2011，2（1）：131－138.

[42] 胡泽春，宋永华，徐智威，等. 电动汽车接入电网的影响与利用 [J]. 中国电机工程学报，2012，32（4）：1－10.

[43] W Kempton，SE Letendre. Electric vehicles as a new power source for electric utilities [J]. Transportation Research Part D：Transport and Environment，1997，2（3）：

157 – 175.

[44] J Tomic，W Kempton. Using fleets of electric drive vehicles for grid support [J]. Journal of Power Sources，2007，168 (2)：459 – 468.

[45] Z Zheng，Y Zhang，T Liu，X Cheng. Analysis on development trend of electric vehicle charging mode [C]. 2011 International Conference on Electronics and Optoelectronics. Dalian，China：IEEE，2011：440 – 442.

[46] KM Rogers，R Klump，H Khuana，AA Aquino – Lugo，TJ Overbye. An Authenticated Control Framework for Distributed Voltage Support on the Smart Grid [J]. IEEE Transactions on Smart Grid，2010，1 (1)：40 – 47.

[47] S Han and K Sezaki. Estimation of Achievable Power Capacity From Plug – in Electric Vehicles for V2G Frequency Regulation：Case Studies for Market Participation [J]. IEEE Transactions on Smart Grid，2011，2 (4)：632 – 641.

[48] S Han，S Han and K Sezaki. Development of an Optimal Vehicle – to – Grid Aggregator for Frequency Regulation [J]. IEEE Transactions on Smart Grid，2010，1 (1)：65 – 72.

[49] W Kempton，A Dhanju. Electric vehicles with V2G：Storage for large – scale wind power [J]. Energy Policy，2006，2 (2)：1 – 3.

[50] C. Guille，G. Gross. Design of a Conceptual Framework for the V2G Implementation [C]. IEEE Energy 2030 Conference，2008，10 (3)：1 – 3.

[51] Z Org. Electric – drive vehicles for peak power in Japan [J]. Energy Policy，2000，1 (1)：9 – 18.

[52] H Lund，W Kempton. Integration of renewable energy into the transport and electricity sectors through V2G [J]. Energy Policy，2008，36 (9)：3578 – 3587.

[53] 戴诗容，雷霞，程道卫，等. 分布式电动汽车入网策略研究 [J]. 电工技术学报，2014，29 (8)：57 – 63.

[54] 马玲玲，杨军，付聪，等. 电动汽车充放电对电网影响研究综述 [J]. 电力系统保护控制，2013，3 (71)：140 – 148.

[55] 常方宇. 含分布式能源的电动汽车充电站充电优化策略研究 [D]. 北京：北京交通大学，2018.

[56] 曾博，李英姿，冯家欢，等. 计及电动汽车无功支撑能力的分布式电源与智能停车场联合规划方法 [J]. 电工技术学报，2017，32 (23)：185 – 197.

[57] 高铁峰. LLC 谐振两级式高压直流电源关键技术 [D]. 南京：东南大学，2017.

[58] 姜风雷. 基于 VIENNA 整流和 LLC 技术的直流充电桩研究 [D]. 南京：南京工程学院，2018.

第5章　智能配电网中的电能质量控制与补偿技术

电能质量的先进程度是一个国家科技发展水平和综合国力的主要标志之一。随着我国工业经济快速发展，居民生活水平显著提高，对高科技尖端设备的大量使用以及生产领域对产品质量重视的提升，使得电力用户对电能质量的要求越来越高。

5.1 智能配电网中的典型电能质量问题

基于计算机与微处理器管理和控制的各种电力电子设备在电力系统中大量使用，它们比一般机电设备更为敏感，对供电质量的要求更苛刻，例如数控机床、高精度测量仪器、精密医疗设备、变频调速设备和各种自动化生产线等。另外，一些特殊的行业，如造纸、纺织、半导体制造、精密加工以及银行、电信、医疗、军事等对电网中的谐波、过电压、短时断电、电压暂降和暂升等电能质量干扰十分敏感，电能质量的欠佳有可能会引起生产作业过程的设备故障，从而造成巨大的经济损失。与此同时，一些冲击性、非线性和非对称性负荷，如工业生产中的大型轧钢机、大型吊车、电力机车、晶闸管整流电源、变频调速装置等，它们的启停和运行等都可能会引起电力系统功率因数降低和电压波形畸变等问题，严重威胁电网供电质量。自20世纪80年代后期，电能质量问题引起越来越多国内外专家、学者和用户的密切关注。

5.1.1 电能质量的定义

理想电力系统应该以规定的频率（50Hz或60Hz）、标准的正弦波形和标称电压对用户供电。在三相交流系统中，各相电压和电流应处于相应的幅值大小相等，相位互差120°的对称状态。由于诸多因素和干扰，理想的供电状态在实际运行中可能不存在，引发出了电能质量的概念。工业领域不同行业对电能质量的认识不同，相关英文名词术语也不同，如"electric power system quality"或"quality of power supply"等，后由IEEE标准化协调委员会统一定义为"power quality"。

5.1.2 电能质量问题种类

电能质量包括稳态电能质量和动态电能质量，参照美国电气和电子工程师协会

（IEEE）第 22 标准协调委员会（电能质量）和其他一些国际委员会的推荐，描述电能质量问题的术语主要包括：电压不平衡（voltage unbalance）、过电压（overvoltage）、欠电压（undervoltage）、电压暂降（sag）、电压骤升（swell）、供电中断（interruption）、电压瞬变（transient）、电压切痕（notches）、电压波动（voltage fluctuation）或闪变（flicker）、谐波等。其中，前 3 种现象一般视为稳态电能质量问题，后 7 种为动态电能质量问题。几种主要电压电能质量问题如图 5-1 所示。

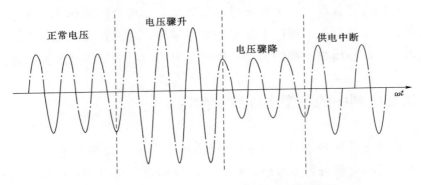

图 5-1　几种主要电压电能质量问题

1. 电压不平衡

电压不平衡是指三相电压的幅值或相位不对称，不平衡的程度用不平衡度来表示。连接于公共连接点的每个用户，引起该点正常电压不平衡度容许值一般不得高于 130%。在电力系统中，各种不平衡工业负荷以及各种接地短路故障都会导致三相电压的不平衡。根据对称分量法，三相系统中的电量可分解为正序分量、负序分量和零序分量三个对称分量。电力系统在正常运行方式下，电量的负序分量均方根值与正序分量的均方根值之比定义为该电量的三相不平衡度，其计算公式为

$$\varepsilon = \frac{U_2}{U_1} \times 100\% \tag{5-1}$$

式中　　ε——电量的三相不平衡度；

U_1、U_2——电压正序、负序分量均方根值。

2. 过电压

过电压是指持续时间大于 1min，幅值大于标称值的电压。典型的过电压值为 1.1～1.2 倍标称值。过电压通常是由于负载的切除和无功补偿电容器组的投入等过程引起，另外，变压器分接头的不正确设置也是产生过电压的原因。

3. 欠电压

欠电压是指持续时间大于 1min，幅值小于标称值的电压。典型的欠电压值为

0.8～0.9 倍标称值。其产生的原因一般是由于负载的投入和无功补偿电容器组的切除等。另外变压器分接头的不正确设置也是欠电压产生的原因。

4. 电压暂降

电压暂降是指在工频下，电压的有效值短时间内下降。典型的电压暂降值为 0.1～0.9 倍标称值，持续时间为 10ms 到 1min。电压暂降产生的主要原因主要为电力系统故障，如系统发生接地短路故障、大容量电机的启动以及负载突增等。

5. 电压骤升

电压骤升是指在工频下，电压的有效值短时间内上升。典型的电压骤升值为 1.1～1.8 倍标称值，持续时间为 10ms 到 1min。电压骤升产生的主要原因主要为电力系统故障，如系统发生单相接地等故障，大容量电机的停止以及负载突降也是导致电压骤升的一个重要原因。

6. 供电中断

供电中断是指在一段时间内，系统的单相或多相电压低于 0.1 倍标称值。瞬时中断定义为持续时间在 10ms 到 3s 之间的供电中断，短时中断的持续时间在 3～60s，而持久停电的持续时间大于 60s。

7. 电压瞬变

电压瞬变又称为瞬时脉冲或突波，是指两个连续的稳态之间的电压值发生快速变化。电压瞬变按照电压波形的不同分为两类：一是电压瞬时脉冲，指叠加在稳态电压上的任一单方向变动的电压非工频分量；二是电压瞬时振荡，指叠加在稳态电压的同时包括两个方向变动的电压非工频分量。电压瞬变可能是由闪电引起的，也可能是由于投切电容器组等操作产生的开关瞬变。

8. 电压切痕

电压切痕是一种持续时间小于 10ms 的周期性电压扰动。它是由于电力电子装置换相造成的，它使电压波形在一个周期内有超过两个过零点。

9. 电压波动或闪变

电压波动或闪变是指电压包络线呈系统性的变化或电压幅值发生一系列的随机性或周期性变化。通常变化范围不超过 0.9～1.1 倍标称值，其可能由开关动作或大容量负荷的变动引起的。常用一系列电压均方根值中相邻的两个极值之差与系统标称电压的相对百分比来表示，即

$$d = \frac{U_{max} - U_{min}}{U_N} \times 100\% \qquad (5-2)$$

式中　U_{max}、U_{min}——一系列电压均方根值中相邻的极大值和极小值；

U_N——系统标称电压。

负荷电流的大小呈现快速变化时，可能引起电压的波动，简称为闪变，闪变来自电压波动对照明的视觉影响，严格来讲，电压波动是一种电磁现象，而闪变是电压波动对某些用电负荷引起的有害结果。

10. 谐波

谐波即对周期性的交流量进行傅立叶级数分解，得到频率大于 1 的整数倍基波频率的分量，其由电网中非线性负荷引起。国家标准《电能质量　公用电网谐波》（GB/T 14549—1993）规定了公用电网谐波的容许值及其测量方法，适用于交流频率为 50Hz，额定电压 110kV 及以下的公用电网，不适用于暂态现象以及短时间谐波。

GB/T 14549—1993 规定的公用电网谐波电压（相电压）限值见表 5-1。

表 5-1　　　　　　　　　　　　国标公用电网谐波电压限值

电网额定电压/kV	电压总谐波畸变率/%	各次谐波电压含有率/%	
		奇次	偶次
0.38	5.0	4.0	2.0
6	4.0	3.2	1.6
10	4.0	3.2	1.6
35	3.0	2.4	1.2
66	3.0	2.4	1.2
110	2.0	1.6	0.8

其中，电压总谐波畸变率为

$$THD_M = \frac{\sqrt{\sum_{h=2}^{\infty} U_h^2}}{U_1} \times 100\% \qquad (5-3)$$

各次谐波电压含有率为

$$HRU_h = \frac{U_h}{U_1} \times 100\% \qquad (5-4)$$

式中　U_h——$h(h \geqslant 2)$ 次谐波电压有效值；

U_1——基波电压有效值。

GB/T 14549—1993 还规定了电网公共连接点的谐波电流（2~25 次）注入的容许值，见表 5-2。

表 5 - 2　　　　　　　　　　　公共连接点的谐波电流注入容许值

额定电压/kV	基准短路容量/MVA	谐波次数及谐波电流容许值/A											
		2	3	4	5	6	7	8	9	10	11	12	13
0.38	10	78	62	39	62	26	44	19	21	16	28	13	24
6	100	43	34	21	34	14	24	11	11	8.5	16	7.1	13
35	250	15	12	7.7	12	5.1	8.8	3.8	4.1	3.1	5.6	2.6	4.7
66	500	16	13	8.1	13	5.4	9.3	4.1	4.3	3.3	5.9	2.7	5.0
110	750	12	9.6	6.0	9.6	4.0	6.8	3.0	3.2	2.4	4.3	2.0	3.7

额定电压/kV	基准短路容量/MVA	谐波次数及谐波电流容许值/A											
		14	15	16	17	18	19	20	21	22	23	24	25
0.38	10	11	12	9.7	18	8.6	16	7.8	8.9	7.1	14	6.5	12
6	100	6.1	6.8	5.3	10	4.7	9.0	4.3	4.9	3.9	7.4	3.6	6.8
10	100	3.7	4.1	3.2	6.0	2.8	5.4	2.6	2.9	2.3	4.5	2.1	4.1
35	250	2.2	2.5	1.9	3.6	1.7	3.2	1.5	1.8	1.4	2.7	1.3	2.5
66	500	2.3	2.6	2.0	3.8	1.8	3.4	1.6	1.9	1.5	2.8	1.4	2.6
100	750	1.7	1.9	1.5	2.8	1.3	2.5	1.2	1.4	1.1	2.1	1.0	1.9

当电网公共连接点的最小短路容量不同于表 5 - 2 基准短路容量时，表 5 - 2 中的谐波电流容许值的修正公式为

$$I_h = \frac{S_{k1}}{S_{k2}} I_{hp} \qquad (5-5)$$

式中　S_{k1}——公共连接点的最小短路容量，MVA；

　　　S_{k2}——基准短路容量，MVA；

　　　I_{hp}——表 5 - 2 的第 h 次谐波电流容许值；

　　　I_h——短路容量 S_{k1} 时的第 h 次谐波电流容许值。

GB/T 14549—1993 还规定同一公共连接点的每个用户向电网注入的谐波电流容许值按此用户在该点的协议容量与其公共连接点的供电设备容量之比进行分配，以体现供配电的公平性，具体分配方法为：在公共连接点处第 i 个用户的第 h 次谐波电流容许值 I_{hi} 计算为

$$I_{hi} = I_h (S_i / S_t)^{1/a} \qquad (5-6)$$

式中　I_h——按式（5-5）换算的第 h 次谐波电流容许值；

　　　S_i——第 i 个用户的用电协议容量，MVA；

　　　S_t——公共连接点的供电设备容量，MVA；

　　　a——相位叠加系数，按表 5 - 3 取值。

表 5 - 3　　　　　　　　　　　　谐波的相位叠加系数

h	3	5	7	11	13	9>|>13|偶次
a	1.1	1.2	1.4	1.8	1.9	2

5.1.3　电能质量问题的危害

电能质量问题会带来巨大的经济损害，严重威胁精密设备的正常运行。据统计，美国每年停电及电能质量问题造成的经济损失为 250 亿～1800 亿美元，单是化工行业的一次电压暂降所造成的损失在 50 万美元左右。又比如国内某电子元件厂，生产线自动化程度高，采用了大量 PLC 控制器，每次电压暂降，生产线上的产品都可能会报废，造成巨大的经济损失。表 5 - 4 列出了一些电能质量问题对企业造成的危害。

表 5 - 4　　　　　　　　　电能质量问题对企业造成的危害

电能质量问题	危　　害
电压瞬变、波动、切痕	造成灯光闪烁、引起视觉疲劳，恶化电视机画面的亮度，影响电机寿命和产品质量，影响电子设备的正常工作
电压暂降、骤升、过压、欠压	轻则影响设备的正常运行，重则毁坏设备，甚至系统奔溃，其中电压暂降最为常见
电压的间断	对一些关键负荷，比如银行、航空、半导体工厂自动生产线等，瞬时或者持续的电压间断会造成巨大的经济损失
谐波	污染电网，增加了附加输电损耗，严重影响用电设备正常运行，并作为谐振源引发串并联谐振
系统无功	增加线路损耗，降低了发电设备的利用率，增加了线路和变压器的电压降落，某些冲击性无功负荷还会引起电压波动
不平衡	引起保护误动作，产生附加谐波电流，缩短设备使用寿命，影响设备正常运行，还会对变压器造成附加损耗

5.2　智能配电网中的电能质量补偿技术

治理电能质量问题需要良好的检测方法，包括无功检测、谐波检测和电压暂降检测等。

5.2.1　电能质量检测方法

目前的谐波和无功电流检测方法主要有：滤波器检测方法、Fryze 功率定义的时域分析检测法、快速傅立叶变换法（FFT）、小波变换检测法、自适应检测法、神经网络理论检测法和基于瞬时无功功率理论的检测法。

5.2.1.1 经典无功检测理论

日本学者赤木泰文于 1983 年首先提出了瞬时无功理论。该理论基于矢量变换，打破以平均值为基础的经典功率定义，给出了瞬时有功功率、瞬时无功功率等瞬时功率量的定义。由于瞬时无功功率理论的概念都是在瞬时值基础上定义的，因此它不仅适用于三相对称波形，也同样适用于三相不对称非正弦波和其他畸变波形。正是基于瞬时无功理论的这个优点，它被广泛应用于对无功电流的检测。

设三相电路电压和电流的瞬时值分别为 u_a、u_b、u_c 和 i_a、i_b、i_c，经过 Clark 变换，其值分别为

$$\begin{bmatrix} u_\alpha \\ u_\beta \end{bmatrix} = C_{32} \begin{bmatrix} u_a \\ u_b \\ u_c \end{bmatrix} \tag{5-7}$$

$$\begin{bmatrix} i_\alpha \\ i_\beta \end{bmatrix} = C_{32} \begin{bmatrix} i_a \\ i_b \\ i_c \end{bmatrix} \tag{5-8}$$

式（5-7）中 C_{32} 为变换矩阵，其表达式为

$$C_{32} = \sqrt{\frac{2}{3}} \begin{bmatrix} 1 & -\frac{1}{2} & -\frac{1}{2} \\ 0 & \frac{\sqrt{3}}{2} & -\frac{\sqrt{3}}{2} \end{bmatrix} \tag{5-9}$$

u_α、u_β 和 i_α、i_β 分别能够合成旋转系的电压与电流矢量，即

$$\vec{U} = u_\alpha + u_\beta = U_m \angle \varphi_u \tag{5-10}$$

$$\vec{I} = i_\alpha + i_\beta = I_m \angle \varphi_i \tag{5-11}$$

式中　U_m、I_m——$\vec{U}$ 和 $\vec{I}$ 的幅值；

　　　φ_u、φ_i——$\vec{U}$ 和 $\vec{I}$ 的幅角。

而三相瞬时有功和无功电流可表示为

$$i_q = I \cos\varphi \tag{5-12}$$

$$i_d = I \sin\varphi \tag{5-13}$$

其中

$$\varphi = \varphi_u - \varphi_i$$

式中　φ——电压和电流矢量的夹角。

三相电路的瞬时无功功率 q 应为电压矢量 $\vec{U}$ 的模和瞬时无功电流 i_q 的乘积，

而瞬时有功功率 p 应为电压矢量 $\vec{U}$ 的模和瞬时有功电流 i_d 的乘积，因此有

$$q = U_m i_q \tag{5-14}$$

$$p = U_m i_d \tag{5-15}$$

将式（5-12）、式（5-13）和 $\varphi = \varphi_u - \varphi_i$ 代入式（5-14）、式（5-15）得

$$\begin{bmatrix} p \\ q \end{bmatrix} = \begin{bmatrix} u_\alpha & u_\beta \\ u_\beta & -u_\alpha \end{bmatrix} \begin{bmatrix} i_\alpha \\ i_\beta \end{bmatrix} = \boldsymbol{C}_{pq} \begin{bmatrix} i_\alpha \\ i_\beta \end{bmatrix} \tag{5-16}$$

将式（5-7）、式（5-8）代入式（5-16）得

$$p = i_a u_a + i_b u_b + i_c u_c \tag{5-17}$$

$$q = \frac{1}{\sqrt{3}} [(u_a - u_b) i_a + (u_b - u_c) i_b + (u_c - u_a) i_c] \tag{5-18}$$

由式（5-17）可以得出三相电路瞬时有功功率就是其瞬时功率的结论。

在瞬时无功理论的基础上，逐渐发展起两类检测方法，即 p-q 检测法和 i_p-i_q 检测法。

1. p-q 检测法

p-q 检测法的原理是由采样值 u_a、u_b、u_c 和 i_a、i_b、i_c 根据定义计算出 p、q，再将 p、q 通过低通滤波器滤去高频分量，得到直流分量 $\overline{p}$、$\overline{q}$，对该直流量经过变换，即可得到三相电流的基波分量。图 5-2 是 p-q 检测法的原理图。

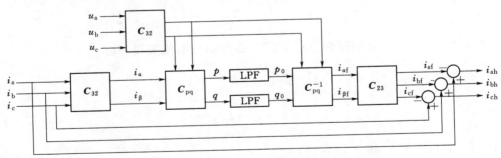

图 5-2　p-q 检测法原理图

2. i_p-i_q 检测法

i_p-i_q 检测法中只要检测 u_a 和 i_a、i_b、i_c，借助 u_a 可以获取与电网电压同相位的正弦和余弦信号，如此根据定义就可以计算出瞬时有功电流 i_p 和瞬时无功电流 i_q。与 p-q 检测法一样将 i_p 和 i_q 通过低通滤波器，滤去高频分量，就得到直流分量 $\overline{i_p}$ 和 $\overline{i_q}$，对该直流量经过变换，即可得到三相电流的基波分量。图 5-3 是 i_p-i_q 检测法的原理图。

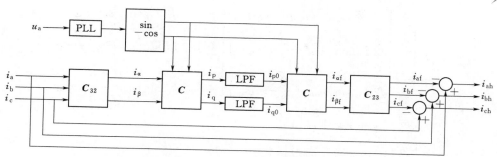

图 5-3 $i_p - i_q$ 检测法原理图

$i_p - i_q$ 检测方法将采样得到的电网三相电流经过 Clark 变换，求得正交坐标系 αβ 下的电流 i_α、i_β，i_α、i_β 经过坐标矩阵 C 后变换为 pq 坐标系下的电流 i_p、i_q，让 i_p、i_q 通过低通滤波器，留下直流分量 i_{p0} 和 i_{q0}。i_{p0} 和 i_{q0} 再辅以电网电压的相位信息，经过坐标矩阵 C 后变换为 αβ 坐标系下的 $i_{\alpha f}$ 和 $i_{\beta f}$，$i_{\alpha f}$ 和 $i_{\beta f}$ 通过 Clark 反变换，得到三相电流基波分量 i_{af}、i_{bf}、i_{cf}，并用采样得到的三相电流减去计算得到的三相基波电流，即得到三相电流的谐波分量。

图 5-3 中变换矩阵满足

$$
\left.
\begin{aligned}
\boldsymbol{C}_{32} &= \sqrt{\frac{2}{3}}
\begin{bmatrix}
1 & -\dfrac{1}{2} & -\dfrac{1}{2} \\
0 & \dfrac{\sqrt{3}}{2} & -\dfrac{\sqrt{3}}{2}
\end{bmatrix} \\[2em]
\boldsymbol{C}_{23} &= \sqrt{\frac{2}{3}}
\begin{bmatrix}
1 & 0 \\
-\dfrac{1}{2} & \dfrac{\sqrt{3}}{2} \\
-\dfrac{1}{2} & -\dfrac{\sqrt{3}}{2}
\end{bmatrix} \\[2em]
\boldsymbol{C} &=
\begin{bmatrix}
\sin(\omega t) & -\cos(\omega t) \\
-\cos(\omega t) & -\sin(\omega t)
\end{bmatrix}
\end{aligned}
\right\}
\tag{5-19}
$$

$$
\begin{bmatrix}
i_p \\
i_q
\end{bmatrix}
= \boldsymbol{C}\boldsymbol{C}_{32}
\begin{bmatrix}
i_{la} \\
i_{lb} \\
i_{lc}
\end{bmatrix}
\tag{5-20}
$$

5.2.1.2 基于坐标变换的任意次谐波检测理论

设三相电流 i_{abc} 为

$$
i_{abc} = \begin{bmatrix} i_a \\ i_b \\ i_c \end{bmatrix} = \begin{bmatrix} \sqrt{2}\, I_{1n} \sin(n\omega t + \varphi_{1n}) \\ \sqrt{2}\, I_{1n} \sin\left(n\omega t - \dfrac{2}{3}\pi + \varphi_{1n}\right) \\ \sqrt{2}\, I_{1n} \sin\left(n\omega t + \dfrac{2}{3}\pi + \varphi_{1n}\right) \end{bmatrix} + \begin{bmatrix} \sqrt{2}\, I_{2n} \sin(n\omega t + \varphi_{2n}) \\ \sqrt{2}\, I_{2n} \sin\left(n\omega t + \dfrac{2}{3}\pi + \varphi_{2n}\right) \\ \sqrt{2}\, I_{2n} \sin\left(n\omega t - \dfrac{2}{3}\pi + \varphi_{2n}\right) \end{bmatrix}
$$

$$
+ \begin{bmatrix} \sqrt{2}\, I_{0n} \sin(n\omega t + \varphi_{0n}) \\ \sqrt{2}\, I_{0n} \sin(n\omega t + \varphi_{0n}) \\ \sqrt{2}\, I_{0n} \sin(n\omega t + \varphi_{0n}) \end{bmatrix}
$$

$$
= i_1 + i_2 + i_0 \tag{5-21}
$$

式中 i_1、i_2、i_0——电路中的正序、负序以及零序电流之和。

将式（5-21）乘以变换矩阵 $\boldsymbol{C_{dq0k+}}$，得到 dq0 坐标下的正序电流表达式为

$$
\begin{bmatrix} i_{dk+} \\ i_{qk+} \\ i_0 \end{bmatrix} = \boldsymbol{C_{dq0k+}} \begin{bmatrix} i_a \\ i_b \\ i_c \end{bmatrix} = \sqrt{3} \begin{bmatrix} \displaystyle\sum_{n=1}^{\infty} I_{1n} \sin[(n-k)\omega t + \varphi_{1n}] + \sum_{n=1}^{\infty} I_{2n} \sin[(n+k)\omega t + \varphi_{2n}] \\ -\displaystyle\sum_{n=1}^{\infty} I_{1n} \cos[(n-k)\omega t + \varphi_{1n}] + \sum_{n=1}^{\infty} I_{2n} \cos[(n+k)\omega t + \varphi_{2n}] \\ \sqrt{2} \displaystyle\sum_{n=1}^{\infty} I_{0n} \sin(n\omega t + \varphi_{0n}) \end{bmatrix}
$$

$$
= \sqrt{3} \begin{bmatrix} I_{1k}\sin\varphi_{1k} + I_{2k}\sin(2k\omega t + \varphi_{2k}) + \displaystyle\sum_{n \neq k}^{\infty} I_{1n} \sin[(n-k)\omega t + \varphi_{1n}] + \sum_{n \neq k}^{\infty} I_{2n} \sin[(n+k)\omega t + \varphi_{2n}] \\ -I_{1k}\cos\varphi_{1k} + I_{2k}\cos(2k\omega t + \varphi_{2k}) - \displaystyle\sum_{n \neq k}^{\infty} I_{1n} \cos[(n-k)\omega t + \varphi_{1n}] + \sum_{n \neq k}^{\infty} I_{2n} \cos[(n+k)\omega t + \varphi_{2n}] \\ \sqrt{2} \displaystyle\sum_{n \neq k}^{\infty} I_{0n} \sin(n\omega t + \varphi_{0n}) \end{bmatrix}
$$

$$
= \begin{bmatrix} \bar{i}_{dk+} + \tilde{i}_{dk+} \\ \bar{i}_{qk+} + \tilde{i}_{qk+} \\ i_0 \end{bmatrix} \tag{5-22}
$$

式中 $\bar{i}_{dk+}$、$\tilde{i}_{dk+}$——d 轴第 k 次谐波（$k=1$ 时表示基波）的正序直流分量和交流分量；

$\bar{i}_{qk+}$、$\tilde{i}_{qk+}$——q 轴的正序直流分量和交流分量；

i_0——零序分量。

i_0 表达式分别为

$$
\begin{bmatrix} \bar{i}_{dk+1} \\ \bar{i}_{q_{k+1}} \end{bmatrix} = \sqrt{3} \begin{bmatrix} I_{1k}\sin\varphi_{1k} \\ -I_{1k}\cos\varphi_{1k} \end{bmatrix} \tag{5-23}
$$

$$\begin{bmatrix} \tilde{i}_{d_{k+1}} \\ \tilde{i}_{q_{k+1}} \end{bmatrix} = \sqrt{3} \begin{bmatrix} I_{2k}\sin(2k\omega t + \varphi_{2k}) + \sum_{n \neq k}^{\infty} I_{1n}\sin[(n-k)\omega t + \varphi_{1n}] + \sum_{n \neq k}^{\infty} I_{2n}\sin[(n+k)\omega t + \varphi_{2n}] \\ I_{2k}\sin(2k\omega t + \varphi_{2k}) + \sum_{n \neq k}^{\infty} I_{1n}\cos[(n-k)\omega t + \varphi_{1n}] + \sum_{n \neq k}^{\infty} I_{2n}\cos[(n+k)\omega t + \varphi_{2n}] \end{bmatrix}$$

$$(5-24)$$

其中，$\boldsymbol{C}_{\mathrm{dq0}k+}$ 为任意次谐波 dq0 正序变换矩阵，其表达式为

$$\boldsymbol{C}_{\mathrm{dq0}k+} = \sqrt{\frac{2}{3}} \begin{bmatrix} \cos(k\omega t) & \cos(k\omega t - 2\pi/3) & \cos(k\omega t + 2\pi/3) \\ -\sin(k\omega t) & -\sin(k\omega t - 2\pi/3) & -\sin(k\omega t + 2\pi/3) \\ 1/\sqrt{2} & 1/\sqrt{2} & 1/\sqrt{2} \end{bmatrix} \quad (5-25)$$

同理，对三相电流进行负序旋转坐标正交矩阵变换，则有

$$\begin{bmatrix} i_{dk-} \\ i_{qk-} \\ i_0 \end{bmatrix} = \boldsymbol{C}_{\mathrm{dq0}k-} \begin{bmatrix} i_a \\ i_b \\ i_c \end{bmatrix} = \sqrt{3} \begin{bmatrix} \sum_{n=1}^{\infty} I_{1n}\sin[(n+k)\omega t + \varphi_{1n}] + \sum_{n=1}^{\infty} I_{2n}\sin[(n-k)\omega t + \varphi_{2n}] \\ \sum_{n=1}^{\infty} I_{1n}\cos[(n+k)\omega t + \varphi_{1n}] - \sum_{n=1}^{\infty} I_{2n}\cos[(n-k)\omega t + \varphi_{2n}] \\ \sqrt{2}\sum_{n=1}^{\infty} I_{0n}\sin(n\omega t + \varphi_{0n}) \end{bmatrix}$$

$$= \sqrt{3} \begin{bmatrix} I_{2k}\sin\varphi_{2k} + I_{1k}\sin(2k\omega t + \varphi_{1k}) + \sum_{n \neq k}^{\infty} I_{1n}\sin[(n+k)\omega t + \varphi_{1n}] + \sum_{n \neq k}^{\infty} I_{2n}\sin[(n-k)\omega t + \varphi_{2n}] \\ -I_{2k}\cos\varphi_{2k} + I_{1k}\cos(2k\omega t + \varphi_{1k}) + \sum_{n \neq k}^{\infty} I_{1n}\cos[(n+k)\omega t + \varphi_{1n}] - \sum_{n \neq k}^{\infty} I_{2n}\cos[(n-k)\omega t + \varphi_{2n}] \\ \sqrt{2}\sum_{n=1}^{\infty} I_{0n}\sin(n\omega t + \varphi_{0n}) \end{bmatrix}$$

$$= \begin{bmatrix} \bar{i}_{dk-} + \tilde{i}_{dk-} \\ \bar{i}_{qk-} + \tilde{i}_{qk-} \\ i_0 \end{bmatrix}$$

$$(5-26)$$

式中 $\bar{i}_{dk-}$、$\tilde{i}_{dk-}$——d 轴的负序直流分量和交流分量；

$\bar{i}_{qk-}$、$\tilde{i}_{qk-}$——q 轴的负序直流分量和交流分量；

i_0——零序分量。

其中，$\boldsymbol{C}_{\mathrm{dq0}k-}$ 为任意次谐波 dq0 负序变换矩阵，其表达式为

$$\boldsymbol{C}_{\mathrm{dq0}k-} = \sqrt{\frac{2}{3}} \begin{bmatrix} \cos(k\omega t) & \cos(k\omega t + 2\pi/3) & \cos(k\omega t - 2\pi/3) \\ -\sin(k\omega t) & -\sin(k\omega t + 2\pi/3) & -\sin(k\omega t - 2\pi/3) \\ 1/\sqrt{2} & 1/\sqrt{2} & 1/\sqrt{2} \end{bmatrix} \quad (5-27)$$

1. 正序电流的特定次谐波及基波有功电流、基波无功电流检测

由式（5-24）可见，正序旋转坐标变换矩阵 $\boldsymbol{C}_{\mathrm{dq0}k+}$ 具有将特定次对称正序谐波分量变换成直流分量，而其他分量仍为交流分量的特点。根据该特点，可以设计出三相非对称电路正序电流的特定次谐波检测原理电路如图 5-4 所示。在该电路中，当 $k=1$ 时，检测出 $\bar{i}_{\mathrm{d}k+}$ 可以检测出三相非对称电路正序电流的基波正序有功电流；检测出 $\bar{i}_{\mathrm{q}k+}$ 可以检测出三相非对称电路的基波正序无功电流；检测出 $\bar{i}_{\mathrm{d}k+}$ 与 $\bar{i}_{\mathrm{q}k+}$ 之和可以检测出三相非对称电路的基波电流。

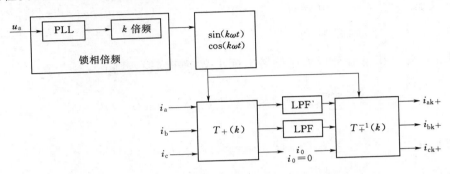

图 5-4　正序电流的特定次谐波检测原理

2. 负序电流的特定次谐波检测

由式（5-26）可见，负序旋转坐标正交变换 $\boldsymbol{C}_{\mathrm{dq0}k-}$ 具有将特定次对称负序谐波分量变换成直流分量而其他分量仍为交流分量的特点。根据该特点，可以设计出三相非对称电路负序电流的特定次谐波检测原理电路如图 5-5 所示。图 5-5 中各分量定义与正序电流的特定次谐波检测类似。

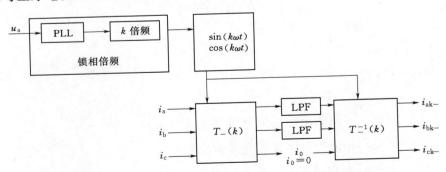

图 5-5　负序电流的特定次谐波检测原理

3. 三相非对称电路零序电流的特定次谐波检测

对于非对称非线性三相四线制电路，多倍频旋转空间坐标系 $\mathrm{dq0}k+$ 坐标系和 $\mathrm{dq0}k-$ 坐标系中 0 轴的瞬时电压和瞬时电流还可能包含高次谐波。为了也能利用平均值方法或低通滤波方法分解交直流的方法获得其中的特定次谐波，还需要对 i_0 做进一步变换。

零序电流的检测方法与正序负序电流检测方式如下：

设要检测的零序电流 i_0 为

$$i_0 = \sqrt{6} \sum_{m=1}^{\infty} I_{0m} \sin(m\omega t + \varphi_{0m}) \qquad (5-28)$$

如要检测 k 次谐波的零序分量，即需将 $i_{k0} = I_{0k} \sin(k\omega t + \varphi_{0k})$ 从式（5-28）中分离出来。将 i_{k0} 首先做以下变换，即

$$
\begin{aligned}
i_{k0} &= I_{0k} \sin(k\omega t + \varphi_{0k}) \\
&= I_{0k} \cos\varphi_{0k} \sin(k\omega t) + I_{0k} \sin\varphi_{0k} \cos(k\omega t) = A\sin(k\omega t) + B\cos(k\omega t) \qquad (5-29)
\end{aligned}
$$

令式（5-29）中 $A = I_{0k} \cos\varphi_{0k}$，$B = I_{0k} \sin\varphi_{0k}$。

按照上述变换，得到

$$i_0 = \sum_{n=1}^{\infty} \left[A_n \sin(n\omega t) + B_n \cos(n\omega t) \right] \qquad (5-30)$$

将式（5-30）两边同乘以 $\sin(k\omega t)$，则有

$$
\begin{aligned}
i_0 \sin(k\omega t) &= \sum_{n=1}^{\infty} \left[A_n \sin(n\omega t) + B_n \cos(n\omega t) \right] \sin(k\omega t) \\
&= \frac{A_n}{2} \left[1 - \cos(2n\omega t) \right] + \frac{B_n}{2} \sin(2n\omega t) \\
&\quad + \sum_{n=1,(n\pm2)}^{\infty} \left[A_n \sin(n\omega t) + B_n \cos(n\omega t) \right] \sin(n\omega t)
\end{aligned}
$$

$$(5-31)$$

式（5-31）中相当于直流分量的一项为 $A_n/2$，采用截止频率低于 2 倍电流基波频率的 LPF 可得到 $A_n/2$，若是 LPF 的增益扩大 1 倍，可以使之输出 A_n。这样可以求出 k 次谐波电流零序分量中 $\sin(k\omega t)$ 的系数 A_k。

类似地，再将式（5-29）的两边同时乘以 $\cos(k\omega t)$，则有

$$
\begin{aligned}
i_0 \cos(k\omega t) &= \sum_{n=1}^{\infty} \left[A_n \sin(n\omega t) + B_n \cos(n\omega t) \right] \cos(k\omega t) \\
&= \frac{A_n}{2} \sin(2n\omega t) + \frac{B_n}{2} \left[1 + \cos(2n\omega t) \right] \\
&\quad + \sum_{n=1,(n\pm2)}^{\infty} \left[A_n \sin(n\omega t) + B_n \cos(n\omega t) \right] \cos(n\omega t)
\end{aligned}
$$

$$(5-32)$$

式中相当于直流分量的项为 $B_n/2$，若是 LPF 的增益扩大 1 倍，可以使之输出 B_n。这样可以求出 k 次谐波电流零序分量中 $\cos(k\omega t)$ 的系数 B_k。

经过上面的运算，从而得到 k 次谐波电流的零序分量为

$$i_{k0} = A\sin(k\omega t) + B\cos(k\omega t) \tag{5-33}$$

将上述分别检测的任意谐波电流正、负、零序分量相加求和，得到三相四线制系统任意次谐波电流，其算法框图如图 5-6 所示。

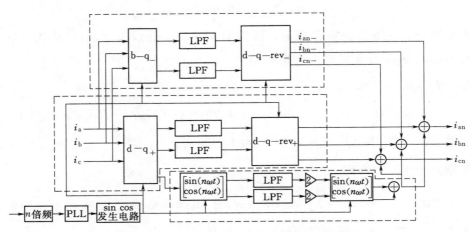

图 5-6　检测 n 次谐波的算法框图

5.2.1.3　电压跌落检测方法

电压暂降检测算法主要有：有效值算法、峰值电压算法、离散傅立叶算法、dq 分解法等。

1. 有效值算法

有效值算法通过计算电网电压的有效值来计算电网电压跌落幅度，该算法在计算电压跌落幅度时存在一个基波周期的延时。

2. 峰值电压算法

该方法计算的电网电压幅值等于采样时段内采样电压的最大值，可以在电网电压跌落后半个基波周期内计算出跌落后电网电压幅值。

3. 离散傅立叶算法

离散傅立叶算法可以在电网电压包含多次谐波的情况下通过一个基波周期的时间来获得跌落后的电压幅值延时较长，难以满足低电压穿越准则的要求。

4. dq 分解法

dq 分解法将电网电压由三相静止坐标系下转换到两相旋转坐标系下，再经过简单的计算后，可以获取电压的幅值与相角信息。

5.2.2 电能质量补偿控制

电能质量控制技术依照控制对象大体分为两类：一类是定制电力技术（custom power），又称为用户电力技术，是美国 Hingorani 博士于 1988 年提出的概念；另一类是传统的以用于稳定电压、频率调整技术，如并联电容器、并联电抗器、调整变压器分接头、发电机的频率调节技术等。定制电力技术可以用来有效抑制或抵消电力系统中出现的各种短时、瞬时扰动，可使用户从配电系统得到用户指定质量水平的电力。

电能质量控制装置按功能可分为以下三类：无功功率补偿类，如并联电容器、晶闸管开关电容器（TSC）、晶闸管控制电抗器（TCR）；谐波抑制类，如有源滤波器（APF）；电压暂降补偿类，如动态电压恢复器（DVR）和统一电能质量调节器（UPQC）。

5.2.2.1 无功补偿控制

D-STATCOM 可以实现无功补偿，提高电网侧功率因数，改善电压偏差和三相电压不平衡等问题，具有响应速度快和动态无功调节范围宽等优点。D-STAT-COM 主要有三相三线式和三相四线式两种拓扑。本小节主要介绍三相四线式 D-STATCOM，其拥有对电流零序分量的更好补偿能力，图 5-7 所示为基于三相四桥臂的 D-STATCOM 的系统结构。

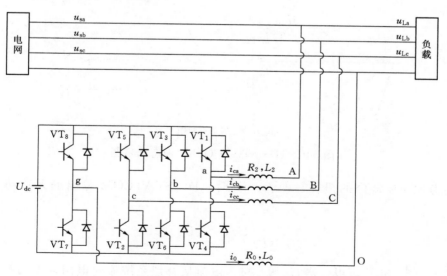

图 5-7 三相四桥臂式 D-STATCOM 拓扑结构图

可将 D-STATCOM 装置损耗等值为电阻 R，线路电抗及连接变压器漏抗总等效感抗为 X，则 D-STATCOM 系统的单相等效工作电路可由图 5-8 来表述。

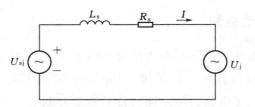

图 5-8　单相系统等效电路图

其中，$\vec{U}_j$ 为 D-STATCOM 输出的交流电压，$\vec{U}_{sj}$ 为电网电压，$\vec{I}$ 为补偿电流，设定从电网流向 D-STATCOM 为正方向，电流表达式为

$$\vec{I} = \frac{\vec{U}_{sj} - \vec{U}_j}{R_s + jX_s} \tag{5-34}$$

电网与 D-STATCOM 的电压差作用在连接电抗与电阻上，产生补偿电流，图 5-9 (a) 与图 5-9 (b) 分别为 $R_s = 0$ 和 $R_s \neq 0$ 时，D-STATCOM 输出和吸收无功功率的稳态向量图，δ 为 $\vec{U}_{sj}$ 和 $\vec{U}_j$ 的相位差。

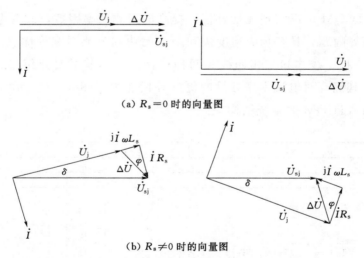

(a) $R_s = 0$ 时的向量图

(b) $R_s \neq 0$ 时的向量图

图 5-9　D-STATCOM 的稳态向量图

不考虑换流器内的损耗，即 $R_s = 0$ 时，D-STATCOM 输出的无功功率可表示为

$$Q = \frac{U_{sj}(U_j - U_{sj})}{X_s} \tag{5-35}$$

从式 (5-35) 可得，当 $U_j > U_{sj}$ 时，电流从补偿系统流向电网，无功补偿系统工作在容性区，输出感性无功；当 $U_j < U_{sj}$ 时，电流从电网流向补偿系统，无功补偿系统工作在感性区，吸收感性无功功率；当 $U_j = U_{sj}$ 时，电流为 0，不交换无功功率。

D-STATCOM 的工作原理简要概述为通过改变系统交流侧的输出电压幅值和相位差 φ，改变输出电流 $\dot{I}$ 的幅值和相位，从而控制补偿系统与电网间的功率交换。D-STATCOM 的电压—电流特性和范围如图 5-10 所示。改变控制系统的参数（电网电压的参考值 U_{ref}）可以使得到的电压—电流特性上下移动。与传统的 SVC 装置的电压—电流特性不同的是，当电网电压下降，补偿器的电压—电流特性向下调整时，D-STATCOM 可以调整其逆变器交流侧电压 U_c 的幅值和相位 δ，以使其所能提供的最大无功电流 I_{lmax} 和 I_{cmax} 维持不变。

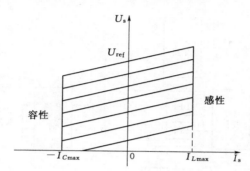

图 5-10 D-STATCOM 的电压—电流特性

5.2.2.2 谐波抑制策略

应用于低压配电网中的有源电力滤波器（APF），可以消除由负载产生的谐波电流。

1. APF 主电路结构

三相四桥臂结构的 APF 主电路，如图 5-11 所示。它是在传统的三相三线 APF 基础上增加一个桥臂，可同时补偿负载电流的不平衡。

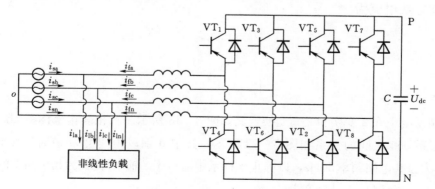

图 5-11 APF 主电路结构

图 5-11 中，i_{sa}、i_{sb}、i_{sc}、i_{sn} 为电网侧电流，i_{fa}、i_{fb}、i_{fc}、i_{fn} 为 APF 输出电

流，i_{la}、i_{lb}、i_{lc}、i_{ln} 为负载电流。

2. APF 新型控制系统

APF 系统控制框图如图 5-12 所示，取负载电流作为控制变量，通过电流互感器检测出负载电流和 APF 输出电流，通过电阻分压测量出 APF 直流母线电压，该系统控制使 APF 逆变器产生一个和负载谐波电流大小相等，方向相反的谐波电流注入到电网中，达到滤波的目的。其中，LPF 为低通滤波器，主要作用为滤除谐波分量。

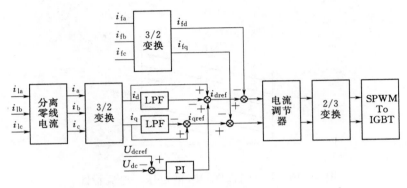

图 5-12　系统控制框图

采用基于瞬时无功功率理论的 $i_p - i_q$ 检测法来检测谐波和无功电流。三相四桥臂系统含有零线，三相电流和不为零，故先将零序电流分量从各相电流中分离出来，再利用常规三相三线制情况下检测电流的方法进行检测。

负载零线电流为

$$i_0 = \frac{-(i_{la} + i_{lb} + i_{lc})}{3} \tag{5-36}$$

分离零线电流为

$$\begin{cases} i_a = i_{la} + i_0/3 \\ i_b = i_{lb} + i_0/3 \\ i_c = i_{lc} + i_0/3 \end{cases} \tag{5-37}$$

控制系统中 3/2 变换和 2/3 变换定义如图 5-13 所示。三相静止坐标系 abc 和同步旋转坐标系 dq0 之间的关系如图 5-13 所示，其中 d 轴以角速度 ω 逆时针旋转，$\omega = 2\pi f$，f 为公共电网频率 50Hz，以静止坐标系中滞后于 a 轴 90° 位置为相位角 θ 的起始时刻，$\theta = \omega t$，q 轴滞后于 d 轴 90°。

遵循等量变换原则，把三相负载电流 i_{la}、i_{lb}、i_{lc} 变换到旋转坐标系下，3/2 变换矩阵 $\boldsymbol{T}$ 为

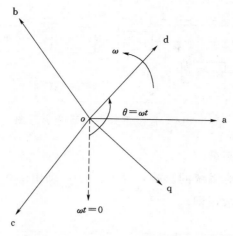

图 5 - 13　abc 与 dq 坐标系之间的关系

$$T = \frac{2}{3} \begin{bmatrix} \sin(\omega t) & \sin\left(\omega t - \dfrac{2\pi}{3}\right) & \sin\left(\omega t + \dfrac{2\pi}{3}\right) \\ -\cos(\omega t) & -\cos\left(\omega t - \dfrac{2\pi}{3}\right) & -\cos\left(\omega t + \dfrac{2\pi}{3}\right) \\ \dfrac{1}{\sqrt{2}} & \dfrac{1}{\sqrt{2}} & \dfrac{1}{\sqrt{2}} \end{bmatrix} \qquad (5-38)$$

2/3 变换矩阵 $\boldsymbol{T}^{-1}$ 为

$$\boldsymbol{T}^{-1} = \begin{bmatrix} \sin(\omega t) & -\cos\omega t & 1/\sqrt{2} \\ \sin\left(\omega t - \dfrac{2\pi}{3}\right) & -\cos\left(\omega t - \dfrac{2\pi}{3}\right) & 1/\sqrt{2} \\ \sin\left(\omega t + \dfrac{2\pi}{3}\right) & -\cos\left(\omega t + \dfrac{2\pi}{3}\right) & 1/\sqrt{2} \end{bmatrix} \qquad (5-39)$$

3. 控制系统中的电流调节器

实现系统良好控制的关键为电流调节器。电流调节器的输入为高次谐波电流，可采用 PI 控制＋改进型重复控制并联的复合控制器。即在改进型重复信号发生器内膜函数 $[1/(1-Q(z)z^{-N})]z^{-N}$ 的基础上，添加补偿器 $k_r z^k S'(z)$，构成重复控制器，其中 $Q(z)$ 为重复控制器内膜反馈增益系数，K_r 为重复控制器通道增益，z^k 为重复控制器系统滞后校正环节，$S'(z)$ 为低通滤波器。重复控制器和控制对象 $P(z)$，结合系统反馈，构成一个完整的重复控制系统，如图5-14所示。

图 5-14 中，i_{ref} 是需要跟踪的重复性指令给定，$d(z)$ 是作用于控制对象的重复性扰动。重复控制器检测指令 i_{dref} 与实际输出 i_{fd} 之间的误差为 $e(z)$，由内模对误差进行逐周期的积分，起到对误差信息记忆的作用，以便在误差消失或变得很小的

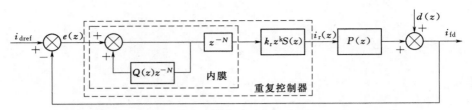

图 5-14　常规重复控制系统示意图

时候仍能输出合适的控制量。

为研究 $d(z)$ 扰动对系统的影响，令 $i_{dref}=0$，则由图 5-14 可以得到误差 $e(z)$ 与扰动 $d(z)$ 的传递函数，即

$$\frac{e(z)}{d(z)}=\frac{-1}{1+\dfrac{z^{-N}}{1-Q(z)z^{-N}}K_r z^{-k}S'(z)p(z)}=\frac{-1+Q(z)z^{-N}}{1-z^{-N}[Q(z)-K_r z^{-k}S'(z)p(z)]}$$

$$(5-40)$$

假设 $Q(z)=1$，且 $P(z)$ 稳定，那么闭环系统稳定的条件为

$$\parallel 1-K_r z^{-k}S'(z)p(z)\parallel<1 \qquad (5-41)$$

其中

$$z=e^{j\omega t}$$

若扰动 $d(z)$ 的角频率 ω 与基波频率 f 的关系为

$$\omega=2\pi fm \qquad (5-42)$$

则有

$$z^{-N}=\cos(-2\pi mfTN)+j\sin(-2\pi mfTN) \qquad (5-43)$$

由重复控制系统设计可知，$N=1/(fT)$，因此

$$z^{-N}=\cos(-2\pi m)+j\sin(-2\pi m)=1 \qquad (5-44)$$

把式（5-42）代入式（5-43），则有

$$\parallel e(z)/d(z)\parallel=0 \qquad (5-45)$$

式（5-45）表明重复控制系统可以消除任意次谐波，并且参考信号的频率小于采样频率一半时，系统可对它无差跟随。同时，只有在 $Q(z)=1$ 时系统才能实现最高的控制精度。

重复控制系统由于系统设计时不能避免建模误差，常出现系统不稳定的情况，在复合控制器的前端加入系数 KI_1，通过调节系数 KI_1 的大小，一方面可以调整重复控制占整个控制系统的比重，保证整个系统的动态特性主要由 PI 双环控制环节决定；另一方面 KI_1 可以作为积分系数，把重复控制器等效为积分控制器，实现重复控制器的"积分"控制作用，通过调节系数 KI_1，在保证系统稳定的前提下，能够有效消除各次谐波。此时，重复控制器可以看成滞后一个周期的积分控制器，因此又称该控制策略为积分—比例积分（integrate and proportion integrate，IPI）控制策略，如图 5-15 所示。$Q(z)=1$ 时，可以使系统实现完全无静差控制。引入 KI_1 系数后，$Q(z)$ 可以取更接近 1 的数，能有效提高系统的稳态精度。

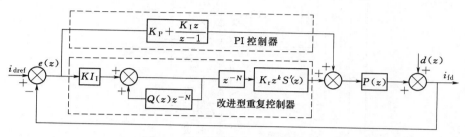

图 5-15　提出的 IPI 控制策略

对并联型 APF 的整个控制系统来说，稳定性、稳态精度和动态响应速度是需要考虑的三个方面，动态响应速度由 PI 控制器决定，稳态精度由改进的重复控制决定，而系统稳定性由 PI 控制器和重复控制器共同决定。

5.2.2.3　电压暂降补偿策略

电压暂降是最严重的电能质量问题之一。动态电压恢复器（dynamic voltage restorer，DVR）是电压暂降问题较好的解决方式。

1. DVR 补偿原理

作为一种串联在电网和敏感负荷的动态受控电压源，DVR 主要有两种运行模式，当电网端电压未出现跌落时，DVR 处于旁路状态，当电网端电压出现跌落，DVR 在几毫秒内输出一个相应的补偿电压，使得负荷端得到一个完整的电压波形。DVR 输出的电压幅值、相位均可以得到调节，所注入的有功功率、无功功率跟负荷功率因数以及 DVR 自身采用的补偿算法有关。

DVR 主要有储能单元、逆变单元以及滤波单元组成，必要时还需要串联变压器等组件。其中，直流母线侧能量可以由超级电容等功率型储能元件提供，也可以由交流侧整流电路得到。

2. DVR 拓扑结构

目前，以相电压补偿的 DVR 拓扑结构主要分为以下三类。

（1）采用三单相逆变器补偿的拓扑结构，如图 5-16 所示。该类型 DVR 采用三单相 H 桥逆变结构，可通过滤波电容回路或者是变压器与系统进行耦合。由于 DVR 三相

电路之间相对独立，可分别进行控制，相互之间也不存在耦合，因而不平衡的适应能力
最强。

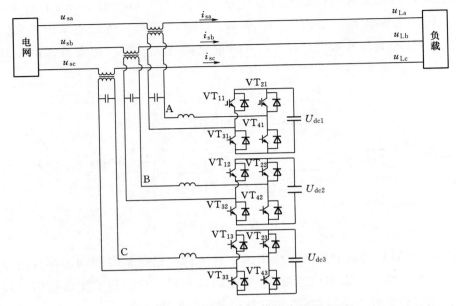

图 5 - 16　基于三单相逆变器结构的 DVR

（2）采用电容分裂式三相四线制拓扑结构，如图 5 - 17 所示。该种 DVR 通过
星形连接的变压器和电网系统耦合，利用两直流母线电容的中点引出 DVR 补偿电
压的中线，与三相三桥臂组合为该种拓扑的基本结构。分裂电容的中点需进行平衡
控制，所需的电容容量也较大。

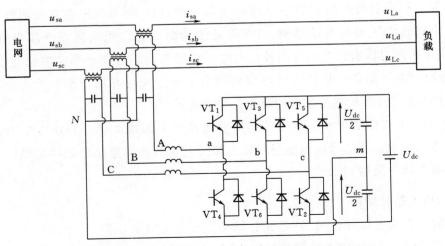

图 5 - 17　基于电容分裂式三相四线制结构的 DVR

（3）采用三相四桥臂式拓扑结构，如图 5-18 所示。当 DVR 采用该种结构时，通过星形连接的变压器与系统耦合。该拓扑结构中，第四桥臂可直接控制中性点电压，控制较为灵活，自由度高，不平衡能力的适应较强。

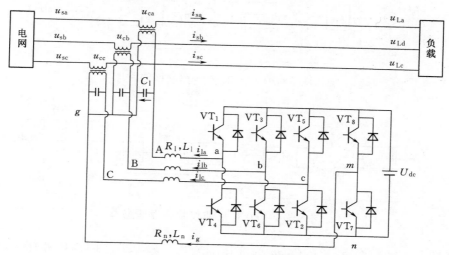

图 5-18 基于三相四桥臂结构的 DVR

三种 DVR 拓扑结构各有优缺点，三单相 DVR 所采用的功率器件较多，体积也较大，但是控制较为简单；其余两种结构的 DVR 所采用的功率器件较少，但是控制较为复杂。

3. DVR 控制策略

以图 5-19 所示的 DVR 单相基本结构为基础，分析装置的控制原理，主要包括获取 DVR 自身补偿的电压参考值和根据参考值输出相应的补偿电压两个环节。DVR 的补偿性能与其采用的控制策略有较大的关系，目前最主要有前馈控制和反馈控制两种，其原理分别如图 5-20、图 5-21 所示。

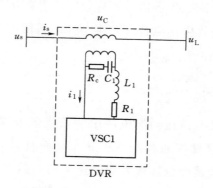

图 5-19 DVR 单相结构

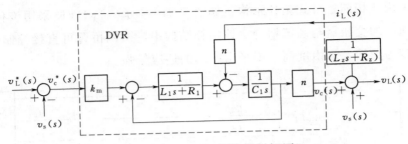

图 5-20　DVR 前馈控制框图

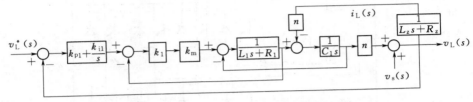

图 5-21　DVR 反馈控制原理框图

在图 5-20 与图 5-21 中，n 为变压器变比，k_{p1}、k_{i1} 为 DVR 外环控制参数，k_1 为内环控制参数，k_m 为变流器增益，R_z、L_z 为负荷侧的等效串联阻抗。

其中，前馈控制较为简单，即将所期望的负荷参考电压与检测到的电网电压进行比较，得到 DVR 自身应该补偿的参考电压，然后产生补偿信号，控制逆变器输出电压，并经过滤波单元滤除谐波从而得到最终的补偿电压。

5.3　智能配电网中的电能质量补偿新设备

D-FACTS（distribution-flexible AC transmission system，D-FACTS）可以增强配电系统可控性及灵活性，成为近年来的研究热点。D-FACTS 技术是将现代电力电子技术、控制理论、数字信号处理技术以及配电自动化技术等诸多学科技术交叉结合而产生的新一代供用电技术，本节介绍智能配电网中近些年新出现的几种 D-FACTS 装置。

5.3.1　柔性多状态开关

柔性多状态开关定义为连接到配电网中两条或多条馈线间的电力电子变流器。与常规开关相比，其不仅具备通和断两种状态，而且是一个连接度可调的柔性连接，从而实现配电网馈线柔性合环或者柔性连接的双独立电源，可以实现配电网网损降低、分布式发电渗透率提高、非故障区域的快速恢复等多重目标。柔性多状态开关通常安装于配电网传统联络开关（TS）处，它能够准确控制其所连接两侧馈线的有功与无功功率。柔性多状态开关的引入彻底改变了传统配电网闭环设计、开环运行的供电方式，避免了开关变位造成的安全隐患，大大提高了配电网控制的实时性与快速性，同时给配电网的运行带来了诸多益处。

从硬件拓扑和连接方式上看，柔性多状态开关类似线间潮流控制器（interline power flow controller，IPFC）。与输电网 IPFC 主要关注潮流优化不同，配电网柔性多状态开关将综合考虑分布式发电平抑、电能质量控制、短路电流抑制、馈线潮流优化等多种功能，导致柔性多状态开关在运行特性、控制策略以及优化配置等方面与输电网 IPFC 的应用具有显著区别。

通过在配电网中接入柔性多状态开关形成不同分区，在系统正常运行时，不同互联配电区域/馈线之间可通过柔性多状态开关的功率调控，实现稳态条件下的潮流互济、促进能量的全局优化；在配电网发生故障时，通过柔性多状态开关的快速闭锁，能够有效地限制故障电流、实现分区间的故障隔离，不改变原有系统的短路容量。

柔性多状态开关的基本结构是基于全控型电力电子器件的背靠背型电压源型换流器，如图 5-22 所示。

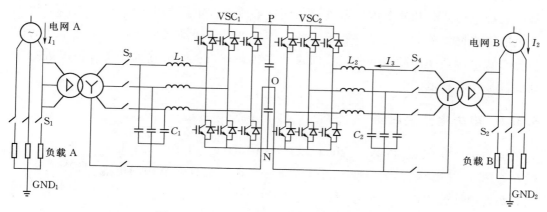

图 5-22 柔性多状态开关系统连接框图

柔性多状态开关是通过交—直—交变换将双端馈线连接在一起，使得两侧的交流电气量存在一定的解耦关系，并且通过绝缘栅双极性晶体管（insulated gate bipolar transistor，IGBT）开关器件闭锁还能快速阻断互联两侧馈线之间的电流交互。柔性多状态开关具有响应速度快、能频繁动作、控制连续、故障限流等优势，兼具运行模式柔性切换、控制方式灵活多样等特点，可避免常规开关倒闸操作引起的供电中断、合环冲击等电能质量问题，促进馈线负载分配的均衡化和电能质量改善，甚至可以实现实时优化，能够有效应对分布式电源和负荷带来的随机性和波动性问题。

柔性多状态开关连接配电网中需要进行有功潮流转移的两条馈线，基于不同应用场合，所连接两端馈线电压等级可以相同，也可能不相同。同时，基于每端有功潮流转移和电能质量控制的需求，每端可能与馈线串联连接，也可能与馈线并联连接。针对我国配电网电压等级水平，在 0.4kV 电压等级，负载功率通常不是太大，常见的两电平或者三电平背靠背变流器结构即可满足一般馈线的潮流转移需求。在 10kV 及以上电压等级，装置拓扑可供选型方案较多，馈线需要转移功率较小时，可以选择两电平通过升压变压器升压连接馈线方案，也可以考虑采用三电平或者多重化或者链式 H 桥结构或者 MMC 方案。在变换器拓扑方面，可以是 AC/DC/AC 结构，也可能是 AC/AC 结构。可以是配电网馈线首端互联，也可以是馈线中段的互联，也可能是馈线末端的互联。

当柔性多状态开关接入配电网馈线末端时，可以起到潮流转供、电能质量治理、分布式发电平抑等作用。柔性多状态开关根据互联配电系统的运行场景，可实现协调消纳可再生能源、改善电能质量和均衡馈线负荷多种调控目标，构建配电网综合控制策略。柔性多状态开关通过采用无功功率控制、系统电压控制、补偿不平衡负荷控制和滤除电网谐波控制方法，能够减小系统电压偏差、改善电压不平衡、抑制系统电压波动和滤除电网谐波，从而能够改善配电网的电能质量。柔性多状态开关能够根据负荷的运行条件、设备状态等信息，灵活动态地调控潮流分布从而适应分布式电源功率的随机变化，同时柔性多状态开关也能根据现场实际情况进行快速的潮流反转控制。

5.3.2　电力电子变压器

电力电子变压器（power electronic transformer, PET）出现于 20 世纪 70 年代，如图 5-23 所示。全控型电力电子器件实现了交直交结构的电能变化，尽管不能大幅度改变输出电压，但可以改变输出的电压频率。基于此思路，美国 GE 公司提出了采用高频变压器连接两个交直交变换电路，由于高频变压器的磁芯体积小，功率密度大，可以有效减少工频变压器的体积和成本问题。此外，各种小容量分布式电源可经 PET 柔性接入电网，还能完成波形、潮流的控制和电能质量调节功能。

美国电力科学研究院 2006 年研制了一台 20kVA 的单相 PET，该 PET 采用基于绝缘栅双级性晶体管（insulated gete bipolar transistor, IGBT）的二极管箝位型三电平变流器。2007 年，某电子公司研制了一台 15kV/1.2MVA 的机车牵引用单相电力电子变压器，该 PET 高压交流侧采用了级联的矩阵变换器。同样，在 2007 年，加拿大某公司研制了一台 3kV/2×375kW 的机车牵引用单相 PET，该 PET 在高压侧采用了级联 H 桥作为前端并网变流器，其内部采用的变流器均为 H 桥，即便出现变压器开路的情况，每个 H 桥内部的 IGBT 承受的电压也不会超过该 H 桥

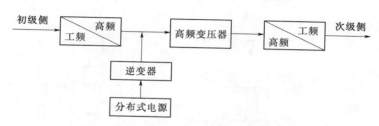

图 5-23　电力电子变压器结构

中直流电容的电压，故无需额外过压吸收电路。

国内近几年对于模块化多电平变流器（modular multilevel converter，MMC）研究较为广泛，中国科学院电工研究所在 2013 年自主设计了一台基于 MMC 结构的 10kV 等级的降压 PET，如图 5-24 所示。通过 MMC 将高压侧三相交流电压变换成高压直流电压，通过中间的 ISOP 隔离型 DC/DC 变换器将 MMC 变换得到的高压直流电压变换成低压直流电压，最后通过低压侧的三相四桥臂逆变器将低压直流电压逆变为三相四线的交流电压，以供用户使用。

5.3.3　统一电能质量控制器（UPQC）

5.3.3.1　UPQC 拓扑结构

UPQC 实际上是集串联、并联补偿器功能于一身的综合性电能质量补偿器，以电压和无功补偿的 UPQC 为例，可被视为共用直流母线的 DVR 和 D-STATCOM。常见的 UPQC 对应的单相结构示意图如图 5-25 所示。

图 5-25 中，i_s 和 i_L 分别表示电网侧、负荷侧电流；u_s 和 u_L 分别表示电网侧、负荷侧电压；L_1、R_1、C_1 分别表示串联变流器的滤波电感、等效电感电阻及滤波电容；L_2 和 R_2 分别表示并联变流器的连接电抗器及等效电阻；i_1 和 i_c 分别表示串、并联变流器的电感电流；C_{dc} 表示两变流器共用的直流母线电容。

当 u_s 正常时，串联变流器旁路。当 u_s 跌落时，串联变流器输出相应的补偿电压 u_c，从而将敏感负荷端电压 u_L 维持在正常范围内，保证了敏感负荷的正常运行。而并联变流器的除了补偿无功功率外，还负责从电网中吸收有功功率，维持直流母线电压 U_{dc} 恒定。

5.3.3.2　UPQC 协同运行策略

UPQC 综合了串联、并联补偿器的功能，传统的控制策略中，串联变流器有利用率较低的缺点。这是因为其只在电压发生暂降或者骤升等工况下才投入运行，导致了装置在较长时间内处于"闲置"状态，其容量未能得到充分合理的利用，而其

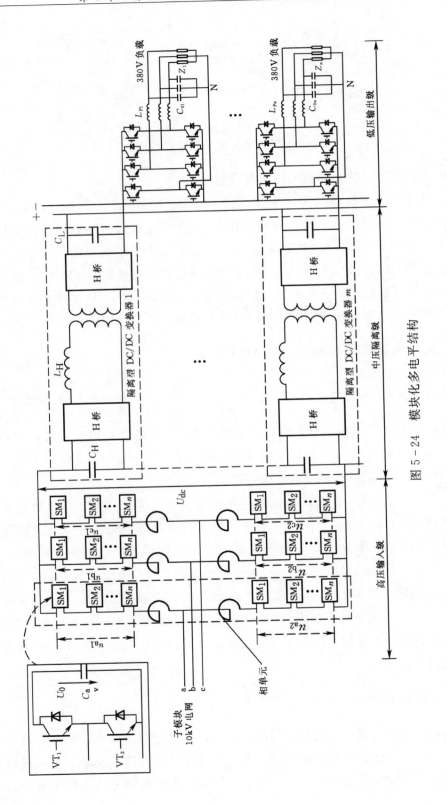

图 5 - 24　模块化多电平结构

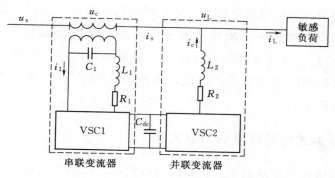

图 5-25　UPQC 单相结构示意图

串联入网的结构又会造成有功功率的损耗。当串联变流器采用谐波补偿的功能时，其利用率较低的缺点将更为明显。此外，传统的串联补偿器在实现电压补偿功能的同时，也会补偿一部分无功功率，这又与并联补偿器的功能有重复。因此，当 UPQC 的串、并联补偿器同时运行时，如何进行两者之间的协同运行是一个难点问题。

一种协同运行的思路是：考虑串联补偿器运行时的功率特点，可对其引入无功补偿的功能。电压补偿由串联补偿器单独控制予以实现，而无功功率由串联、并联补偿器协同予以补偿。同时并联补偿器还负责从电网中吸收有功功率，从而支撑直流母线电压。

5.4　多台 D-FACTS 在智能配电网中的综合应用

随着智能电网的发展，用户对电能质量的要求越来越高，并需要进行不同电能质量的分级管理，使得 D-FACTS 装置得到越来越广泛的应用。为实现区域配电网电能质量的综合治理和实现不同电能质量的分级管理，常常需要多台 D-FACTS 装置联合运行，如美国德拉瓦优质电力园区示范项目中就安装了 DVR、D-STAT-COM、SSTS 等多台 D-FACTS 装置。

由于各种 D-FACTS 设备需求的市场潜力极大，在实际应用中补偿效果明显，加上各种电力电子器件性价比的不断提高，预计 D-FACTS 技术会有非常广阔的发展前景。而随着社会的发展，敏感负荷的种类、数量迅速增多，配电网结构也日趋复杂，可能会对电能质量的治理技术方面提出更为严格的要求。例如应用场合的容量越来越大，电压等级也越来越高，可靠性、灵活性等方面的性能指标也越来越苛刻。这使得电能质量治理技术朝着大容量、高电压、高可靠性、高灵活性的方向发展。采用多 D-FACTS 变流装置的串、并联是实现高压、大容量、高可靠性和灵活性的有效手段之一。可以较好地解决器件开关频率与容量之间的矛盾。

敏感负荷种类、数量的逐渐增加，配电网结构的日趋复杂很可能会引起另外一个严重的问题，即会导致同时出现多种不同类型的电能质量问题。采用多台 D‐FACTS 装置联合运行也是实现区域性配电网电能质量的综合治理和实现不同等级电能质量的分级管理的常用方式。因此，多台 D‐FACTS 装置的联合运行将成为电力电子领域的研究热点。

5.4.1　新型分散式电能质量调节器方案

优质电力园区可以实现对重要负荷的分级供电，国内外文献对此作了大量的研究，较为典型的方案主要以切换开关 STS 以及 DVR 等 D‐FACTS 装置保证负荷的分级供电，一种优质力园区拓扑结构方案如图 5‐26 所示。

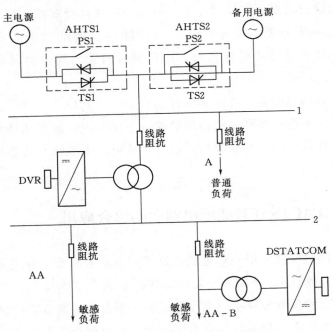

图 5‐26　优质电力园区拓扑结构方案

该方案中 DVR 安装于两条母线之间的馈线上可以实现不同级别的供电，当电压跌落在 DVR 补偿的范围内时，DVR 投入运行；当电压深度跌落时，由 STS 从发生跌落的主电源切换至备用电源，而 D‐STATCOM 安装于支路主要是通过补偿该支路的无功功率以应对冲击性负荷的影响。然而与 OPEN UPQC 类似，该优质电力园区设计方案在负荷容量较大、敏感负荷的种类较多，特性差异明显的场合将不再适用，本节中借鉴了 OPEN UPQC 的思路，提出了一种新型分散式电能质量调节器应用方案，如图5‐27所示。

该种新型分散式电能质量调节器有三种运行模式，见表 5‐5。

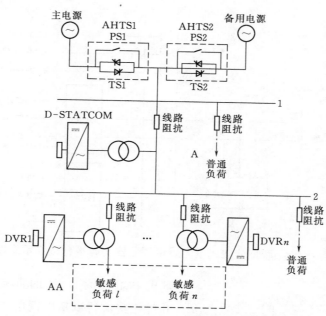

图 5-27 新型分散式电能质量调节器方案

表 5-5 　　　　　　　**新型分散式电能质量调节器运行模式及特点**

电压跌落	运行模式	运 行 特 点
<10%	无功补偿模式	D-STATCOM 负责补偿负荷无功功率，提高功率因数，必要时，由 D-STATCOM 对母线 2 稳压（5% 以内）
10%~50%	DVR 补偿模式	各支路的 DVR 分别投入运行，分别采用适合支路敏感负荷特性的补偿策略和控制策略，以保证敏感负荷的正常运行
>50%	STS 补偿模式	STS 从已跌落的主电源回路切换至未发生跌落的备用电源回路，直至主电源供电恢复再切回

　　由表 5-5 可知，新型分散式电能质量调节器方案中主要有无功补偿和电压补偿两种补偿模式，其中电压补偿通过 STS 与 DVR 的配合以实现对负荷的分级供电。在敏感负荷种类较多、特性差异较为明显的某些应用场合，新方案在经济性、可靠性、灵活性等方面将更有优势。

　　为进一步验证该种新型分散式电能质量调节器拓扑结构的有效性，搭建样机实验平台，主电路结构如图 5-28 所示。

　　实验中普通负荷 Z_{L0}、敏感负荷 Z_{L2} 均以串联型阻感模拟，敏感负荷 Z_{L1} 以纯电阻模拟。

　　DVR2 和主馈线上的 D-STATCOM 分别以本实验室研发的 UPQC 的串、并联补偿器模拟，容量各为 50kVA，如图 5-29 所示。为获得独立的 DVR 与 D-STATCOM，将 UPQC 中串、并联补偿器的直流母线端拆分隔离，另以额外的并

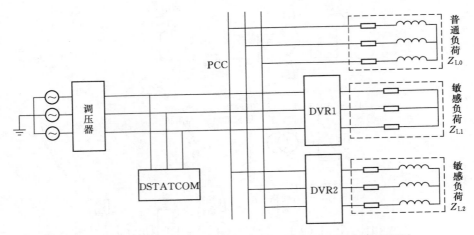

图 5-28　新型分散式电能质量调节器实验平台接线示意图

图 5-29　UPQC 示意图

联电容组模拟 DVR 的直流母线储能载体，并外接整流桥以从电网中获取能量。

实验过程中，调压器输出约 165V 的电压，用以模拟 75％ 的电压跌落，DVR1 和 DVR2 分别投入运行，用以补偿两支路上敏感负荷的电压暂降。而 D-STATCOM 在主馈线上仍然负责补偿所有负荷支路所需的无功功率，其运行结果即是决定电网侧功率因数的终端补偿效果，不会受到 DVR 等装置的影响。分散式电能质量调节器的实验结果如图 5-30 所示。

其中图 5-30 中各分图分别表示普通负荷支路、敏感负荷支路 1、敏感负荷支路 2 以及主馈线上的实验结果。

从图 5-30（b）、图 5-30（c）可知，针对不同类型的敏感负荷，分散式电能质量调节器的 DVR1、DVR2 分别采用了不同的补偿策略，导致了两台 DVR 输出的电压幅值、相位及注入的功率都有差异。其中 DVR1 采用了同相位补偿策略，因此补偿电压、电网电压及负荷电压相位均相同，注入的电压幅值也较小；而 DVR2 采用了最小能量补偿策略，其通过输出一个幅值较大、相位超前的电压，使得该支路在没有 D-STATCOM 作用前提下，既补偿了电压跌落也补偿了一部分无功功率。

从图 5-30（d）可知，通过 D-STATCOM 的作用，主馈线上电网侧电流与电网电压基本保持同相位，表明此时负荷侧除去 DVR2 所补偿的部分无功功率外，剩余的部分在主馈线上也已经得到充分补偿。

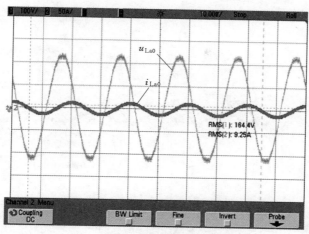

（a）普通负荷支路

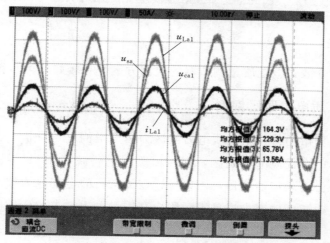

（b）敏感负荷支路 1 上 DVR1 的补偿结果

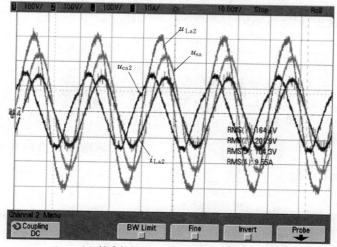

（c）敏感负荷支路 2 上 DVR2 的补偿效果

图 5-30（一）　分散式电能质量调节器实验结果

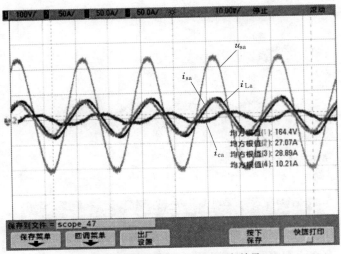

(d) 主馈线上 DSTATCOM 运行效果

图 5-30（二）　分散式电能质量调节器实验结果

综上，该种分散式电能质量调节器的应用方案具有较好的可行性。

5.4.2　国外优质电力园区案例

以美国特拉华市的特拉华优质电力园区为典型案例进行分析。特拉华优质电力园区是世界上第一个优质电力园区，它是由美国电科院在 1999 年授权美国电力公司和德国某电子公司承担的项目，该项目旨在测试新的定制电力技术在满足经济性的条件下，将工业园区转变为满足不同用户高质量电力需求的优质电力园区的可行性。在此次测试中，安装了 3 种定制电力装置——动态电压恢复器（dynamic voltage restorer，DVR）、先进固态无功补偿装置（advanced solid state var compensator，ASVC）和快速切换开关（faster transfer switch，FASTRAN）。

1. 电气主接线布置

图 5-31 是特拉华电力园区的一个等效系统，采用两个变电站 Delaware 和 Park 给工业园供电，其中 Delaware 变电站主供电，Park 变电站备用，通过 FASTRAN 进行切换。

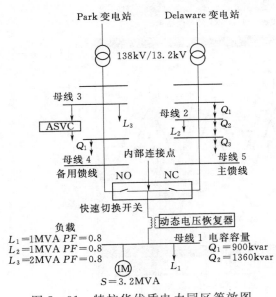

图 5-31　特拉华优质电力园区等效图

DVR 安装在内部连接点（point of interconnection，POI）与母线 1 之间，用于保护母线 1 上的电压稳定，ASVC 连接在母线 3 上，提供无功支撑，用于防止 FASTRAN 动作时，母线 3 上出现电压闪变，母线 1 连接的负荷中 50％负载是感应电机，其余是暖通空调和照明，负荷高峰时为 4.2MW、低谷时为 3.6MW。

2. 用户电能质量需求

特拉华电力园区有 14 个工厂，主要负荷由可调速驱动装置（adjustble speed drive，ASD）、大型电弧炉、暖通空调、照明，有两个主要的工业用户，分别是 Pittsburgh plate&glass（PPG Industries）和 Nippert Co.，其电能质量需求见表 5-6。

表 5-6　　　　　　　　　　工业园区主要负荷的供电需求

工厂名称	UPS 容量	敏感负荷	负荷需求	电能质量需求
PPG Industries	无	泵、搅拌机、风扇、暖通空调、照明	3.6~4.0MW	电压暂降幅值高于 70％
Nippert Co.	能维持 20min 的供电	大型感应电弧炉、可调速驱动装置、暖通空调、照明	4.1~4.2MW	供电中断持续时间少于 20min

从图 5-31 中 L_1、L_2、L_3 所安装的位置和负荷特点，以及实际工业园区的负荷的电能质量需求，可以看出 L_1 对应的是 PPG Industries，L_2 对应的是一般工厂，L_3 对应的是 Nippert Co.。

定制电力装置之间的协调运行策略如下：DVR 和 FASTRAN 之间相互协调动作，主要解决电压暂降与短时间/长时间停电问题。在 DVR 开通条件下，如果残余电压小于或等于 62％，持续时间超过 2ms，则 FASTRAN 动作。在 DVR 断开条件时，如果残余电压小于或等于 80％，持续时间超过 2ms，则 FASTRAN 动作，但当 DVR 消耗完能量时，FASTRAN 立即进行切换。

ASVC 采用独立控制，与 FASTRAN、DVR 之间协调运行，见表 5-7。

表 5-7　　　　　　　　　　定制电力装置的技术参数

装置名称	电压等级/kV	额定容量	短路容量/kA	响应时间/ms	主要功能
DVR	13	2MVA	20	4	电压暂降、暂升
FASTRAN	15	600A	12.5	16~32	电压暂降、暂升、中断
ASVC	15	1500kvar/相	—	16~32	电压闪变、功率因数校正

5.4.3　国内外其他优质电力园区

国内外其他典型优质电力园区的建设情况见表 5-8。从优质电力园区实际应用情况以及建设情况可以看出：

（1）在供电方式上，低压交流电网向交直流混联电网方向发展，这样能够在使用相对较少种类的定制电力装置情况下，实现更多电压等级供电。

（2）在负荷种类上，由只有交流负荷向交直流负荷方向发展，这样也扩大了优质电力园区的供电范围。

（3）在园区负荷的特点上，由传统工业和制造工业中的大型感应电弧炉、泵等冲击性负荷向金融业、服务业中的计算机、照明、电梯甚至直流负荷方向发展，这样也进一步扩大了优质电力园区的应用方向。

表 5-8　　　　　　　　国内外部分优质电力园区的建设情况

地点		项目名称	定制电力装置	建设情况
中国	台湾	HSIP 和 TSIP	DVR	安装了一个容量为 100MVA 的 DVR 进行测试
	北京	大兴区某太阳能材料公司	SSTS、UPQC、DASTATCOM 储能装置	投运时间为 2014 年中期
	厦门	某玻璃厂	—	投运时间为 2014 年中期
波兰		北部电能质量园区		与 EPRI 已签订了协议
美国		加州大学欧文分校的大学研究园区（URP）	—	提供了一个"生动电力园区"实验室
		得克萨斯州奥斯汀市多样化电力园区	—	—
		加州普莱顿电力园区	—	—
韩国		韩国定制电力广场（KCPP）	DVR、DSTATCOM、SSTS、APF	用于测试定制电力装置的性能

参 考 文 献

［1］ 商少锋. 有源电力滤波器的故障分析及主回路保护研究 ［D］. 哈尔滨：哈尔滨理工大学，2005.

［2］ 张波. 电压暂降特征提取与扰动原因分析 ［D］. 北京：中国电力科学研究院，2005.

［3］ H. J. Bollen. Understanding Power Quality Problems. Voltage Sags and Interruptions. IEEE PRESS 2000.

［4］ 国家技术监督局. GB/T 14549—1993 电能质量 公用电网谐波 ［S］. 北京：中国标准出版社，1993.

［5］ 国家技术监督局. GB/T 12326—1990 电能质量 电压允许波动与闪变 ［S］. 北京：中国标准出版社，1990.

［6］ 国家技术监督局. GB 12325—1990 电能质量 供电电压允许偏差 ［S］. 北京：中国标准出版社，1993.

［7］ 国家技术监督局. GB 1543—1995 电能质量 三相电压允许不平衡度 ［S］. 北京：中国

标准出版社，1995.

[8] 国家技术监督局. GB/T 15945—1995 电能质量 电力系统频率允许偏差［S］. 北京：中国标准出版社，1995.

[9] 国家技术监督局. GB 156—1993 标准电压［S］. 北京：中国标准出版社，1993.

[10] 林海雪，新国家标准《电能质量暂时过电压和瞬时过电压》介绍［R］. 北京：电能质量国际研讨会，2002.

[11] 肖湘宁，徐永海，刘连光. 供电系统电能质量［D］. 北京：华北电力大学，2000.

[12] 马维新. 电力系统电压［M］. 北京：中国电力出版社，1998.

[13] 孙树勤. 电压波动和闪变［M］. 北京：中国电力出版社，1998.

[14] 林海雪. 电力系统的三相不平衡［M］. 北京：中国电力出版社，1998.

[15] 蔡邠. 电力系统频率［M］. 北京：中国电力出版社，1998.

[16] 王兆安，刘进军，王跃，等. 谐波抑制和无功功率补偿［M］. 北京：机械工业出版社，2016.

[17] 童立青，钱照明，彭方正. 同步旋转坐标谐波检测法的数学建模及数字实现［J］. 中国电机工程学报，2009，29（19）：111-117.

[18] 张树全，戴珂，谢斌，等. 多同步旋转坐标系下指定次谐波电流控制［J］. 中国电机工程学报，2010，30（03）：55-62.

[19] 孙驰，魏光辉，毕增军. 基于同步坐标变换的三相不对称系统的无功与谐波电流的检测［J］. 中国电机工程学报，2003（12）：46-51.

[20] 刘桂英，粟时平，秦志清. 应用多倍频旋转坐标正交变换的三相四线制电路谐波检测方法［J］. 电网技术，2010，34（07）：87-93.

[21] 孙才华，宗伟，何磊，等. 一种任意整数次谐波电压实时检测方法［J］. 中国电机工程学报，2005（18）：70-73.

[22] 沈虹. UPQC电流谐波与电压跌落补偿技术研究［D］. 天津：天津大学，2009.

[23] 陈国栋. 动态电压恢复器电压跌落检测算法与控制技术综述［J］. 电气工程学报，2015，10（05）：20-33.

[24] 马学工. 电力系统谐波的危害及其抑制措施［J］. 技术与市场，2018（2）：85-86.

[25] 莫青，孙浩良. IEC标准中设备谐波电流限值的依据及推导［J］. 电网技术，2000，24（4）：67-70.

[26] 赵艳雷. 动态电压恢复器逆变单元的研究与实现［D］. 北京：中国科学院电工研究所，2006.

[27] 张忠伟. 浅析电压调整及其对电能质量的影响［J］. 环球市场信息导报，2013（15）.

[28] 王成山，宋关羽，李鹏，等. 基于智能软开关的智能配电网柔性互联技术及展望［J］. 电力系统自动化，2016，40（22）：168-175.

[29] 陈磊，欧家祥，张秋雁，等. 电力电子变压器研究综述［J］. 电网与清洁能源，2015，31（12）：36-42.

[30] 李子欣，王平，楚遵方，等. 面向中高压智能配电网的电力电子变压器研究［J］. 电网技术，2013，37（09）：2592-2601.

[31] 李国庆，龙超，银锋，等. 直流潮流控制器对直流电网的影响及其选址［J］. 电网技术，2015，39（7）：1786-1792.

［32］ Gyugyi L. A unified flow control concept for flexible AC transmission systems ［J］. Proc. inst. elect. eng. c，1992，139 （4）：323 - 331.

［33］ Okada N，Takasaki M，Sakai H，et al. Development of a 6. 6 kV - 1 MVA Transformerless Loop Balance Controller ［C］∥ Power Electronics Specialists Conference，2007. Pesc. IEEE，2007：1087 - 1091.

［34］ Bloemink J M，Green T C. Increasing distributed generation penetration using soft normally - open points ［C］∥ Power and Energy Society General Meeting. 2010：1 - 8.

［35］ Domijan A，Montenegro A，Keri A J F，et al. Simulation study of the world's first distributed premium power quality park ［J］. IEEE Transactions on Power Delivery，2005，20 （2）：1483 - 1492.

［36］ Farhoodnea M，Mohamed A，Shareef H. Power quality improvement using active conditioning devices in a premium power park ［C］∥ International Conference and Exhibition on Electricity Distribution. IET，2013：1 - 4.

［37］ 贾东强. D - FACTS 交互影响及协调控制研究 ［D］. 北京：中国科学院大学，2015.

［38］ Chiumeo R.，Gandolfi C. D - STATCOM control system and operation in a configuration of Premium Power Park ［C］. Proceedings of the Harmonics and Quality of Power （ICHQP），2010 14th International Conference on，F 26 - 29 Sept. 2010，2010.

［39］ 刘亚丽，李国栋，李科，等. 优质电力园区应用案例与拓扑结构研究综述 ［J］. 现代电力，2014，31 （05）：7 - 14.

［40］ 周静. 动态电压恢复器在电网中的应用及其综合性能的研究 ［D］. 北京：中国科学院研究生院，2011.

［41］ 霍群海，粟梦涵，吴理心，等. 柔性多状态开关新型复合控制策略 ［J］. 电力系统自动化，2018，42 （7）：166 - 170.

［42］ 周晖. 动态电压恢复器检测和补偿控制的研究与实现 ［D］. 北京：中国科学院研究生院，2008.

［43］ 石国萍. 电能质量分析与控制方法研究 ［D］. 济南：山东大学，2003.

［44］ 霍群海，李东，韦统振. 基于 IPI 控制策略的 APF 控制 ［J］. 电力自动化设备，2012，32 （12）：43 - 47.

［45］ 杨名. 电能质量检测算法及应用研究 ［D］. 镇江：江苏科技大学，2017.

［46］ 许湘莲. 基于级联多电平逆变器的 STATCOM 及其控制策略研究 ［D］. 武汉：华中科技大学，2006.

第6章 智能配电网中的直流配电技术

配电网是电力系统发输配用多个环节中离用户最近的环节，配电网的网架拓扑、控制保护及关键智能设备的发展是实现智能电网的关键，现代电力电子技术将在直流配电网的运行与控制方面发挥越来越重要的作用。

6.1 直流配电技术概述

在输配电系统产生的时代，直流配电就被作为最主要的配电方式，但由于当时直流输配电电压等级低、容量小等原因使得直流配电逐渐被交流配电所取代。20世纪末，随着现代电力电子技术的发展，特别是全控型大功率电力电子器件的出现，直流配电技术得到一定程度的发展，各方面优势也逐渐体现，具有线路成本低、输电损耗小、供电可靠性高、环境友好等优点。

6.1.1 直流配电技术研究现状

目前，一些国家已经纷纷开展了直流配电网的研究，提出了各自的直流配电网概念和结构。美国相对较早地开始了直流配电网的研究，CPES 中心于 2010 年提出 SBN（sustainable building and nanogrids）概念，其典型结构如图 6-1 所示。

2004 年日本东京工业大学等机构提出了基于直流微电网的配电系统结构，设计了一种用于具有分布式发电的直流微电网系统的自主控制方法，并研制了一套 10kW 直流配电系统样机。在上述研究基础上，日本大阪大学于 2006 年提出了一种双极结构的直流微电网系统，它通过真双极系统提供高质量的电源，将一个住宅小区作为直流微电网的一个实例。在该系统中，每个房屋都有热电联产系统（CGS），如燃气发动机和燃料电池。燃气轮机通过背靠背变换器直接连接到 230V 交流电，蓄电池和超级电容器等储能设备以及光伏电池等分布式电源均通过 DC/DC 变换器连接到直流母线。输出电力在房屋之间共享，并且可以通过改变 CGS 的运行数量来控制总功率。

韩国以明知大学为主成立了智能微电网研究中心，重点研究直流电分配、功率变换技术、控制以及通信技术等，其结构思路与 CPES 中心所提直流配电系统相近。台湾学者也对直流配电网中的相关技术展开了研究，但其结构思路与韩国所提

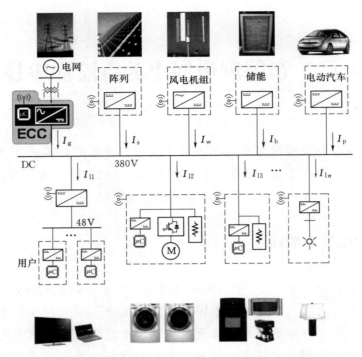

图 6-1　CPES 中心提出的直流配电系统结构

出的系统结构基本类似。2008 年，英国、瑞士及意大利等国开展一项名为 UNIFLEX（Universal and Flexible Power Management）的研究项目，重点研究通过新型功率变换技术适应未来大量分布式电源接入的欧洲电网功率流动管理。

当前文献中所出现的直流配电结构主要有单母线结构、双母线结构和分层式母线结构。不同的母线结构具有各自不同的特点，分别适合于不同的应用场合。单母线结构的直流配电系统能够与现有的交流接线板等转换设备兼容，但在给计算机等低压设备供电时，需要配备电源适配器。双母线结构根据负荷端对供电电压的不同需求，选择电压等级相对应的母线供电，并实现交直流侧共地，也能与现有的转接设备兼容。由于源侧变流器需要均衡主母线与从母线的电压，其拓扑与传统拓扑结构会有所不同。分层式母线一般具有不同的电压结构，提高了低压设备供电的安全性，并可省去电源适配器，具有较大的前景。

6.1.2　直流配电技术的优点

1. 便于分布式电源、储能装置接入

未来的配电网应能够接纳风能和太阳能等分布式电源并网。光伏和风电都属于随机波动的电源，需要 DC/AC 换流器和有效的控制系统才能实现交流并网。各种储能装置也需要双向 DC/AC 换流器才能接入交流电网。当以直流配电网运行时，

分布式新能源和储能等的接口设备与控制技术相对要简单一些，往往只需要一次变换即可。

2. 供电可靠性较高

相对交流配电网而言，直流配电网可有效解决交流接入时发生的电压闪变、频率波动、高次谐波污染等问题，隔离交流电网故障。另外，一些信息中心和通信中心多为服务器、存储设备等敏感负载，对供电可靠性要求极高，直流配电网便于超级电容、蓄电池等储能装置的接入，从而提高其供电可靠性与故障穿越能力，保证电网故障时对重要负荷的供电。

3. 直流配电网输电容量更大，损耗更低

相同电压的等级的中压直流配电网与三相四线制中压交流配电网功率之比为1.05；相同电压等级的低压直流配电网功率容量是单相交流配电网的1.5倍。提高容量的同时，节省架空导线的成本。此外，直流线路只存在电阻和电导损耗，不存在涡流和无功损耗。

6.1.3 直流配电技术中存在的主要问题

1. 分布式发电的接入

分布式发电系统除了少数直接并网的分布式电源外，其他大多数分布式电源通过电力电子装置并网。因此，分布式发电系统的动态特性包括电力电子变流器及其控制系统的特性。从数学上讲，分布式发电系统动态特性是其各元件在各个时间尺度上动态特性的叠加，因而给分析分布式发电系统动态特性带来了较大困难。分布式发电技术的多样性增加了并网运行和能源综合优化的难度，现有的直流配电控制和技术无法自适应地满足分布式发电技术的接入和运行需求。

2. 谐波问题

低压直流配电技术需采用大量的电力电子设备，可能会导致交流侧的谐波问题。谐波会使电缆、变压器等设备容量降低，同时还会使设备的老化速度加快，降低设备使用年限或直接损坏，极大影响了低压直流配电技术应用的可靠性与安全性。

3. 直流断路器设备

直流断路器发展的难点表现在两个方面：①中压直流配电网电压等级较高，而直流系统电流没有自然过零点，无法应用交流断路器中成熟的灭弧技术，直接分断会产生很大的电弧；②直流系统中平波电抗器等感性元件储存着巨大的能量，显著增大了直流故障电流的开断难度。要解决直流断路器的问题，不仅仅要考虑断路器本身的可靠性，还需要考虑到分断电流对直流配电系统中其他设备的影响。

6.2 直流配电网的拓扑结构及运行控制

直流配电网的基本拓扑结构主要有环状、放射状与两端配电三种。通常来说，放射状网络供电可靠性相对较低，但故障识别及保护控制配合等相对容易；环状网络及两端配电网络的供电可靠性相对较高，但故障识别及保护控制配合等相对困难。直流配电网可以根据供电可靠性、供电范围（距离）及投资等实际工程需要，采用不同的电压等级和拓扑结构进行设计与建设。

6.2.1 直流配电网的拓扑结构

环状直流配电网拓扑结构如图 6-2 所示。当前部分交流配电网采用环状结构设计，通常闭环设计、开环运行，主要避免双电源时电压幅值差、相角差引起的无功环流问题。直流配电网采用环状拓扑结构时，需要考虑出现短路情况时的保护问题。

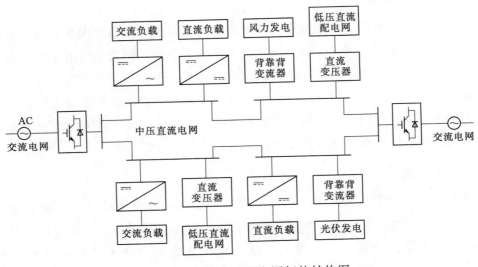

图 6-2 环状直流配电网拓扑结构图

常见的放射状直流配电网结构如图 6-3 所示。在直流配电网的放射状结构中，随着负荷的增加，直流电压将会随着潮流流动的方向下降。

由于直流配电网系统中线路阻抗较小，当线路上发生短路故障时，短路电流上升速度快、幅值高。如果缺乏实用的直流断路器，通常只能将直流变压器或换流器

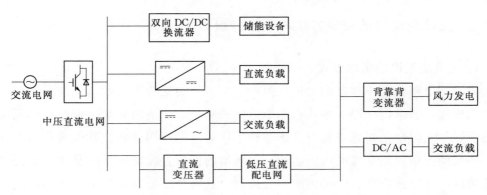

图 6-3 放射状直流配电网结构图

闭锁，以隔离故障。当采用放射状结构时，若末端线路发生故障，将上级直流变压器或换流器闭锁，余下线路仍可以正常运行；当采用环状结构时，需要将全部线路停运，极大地降低了系统的可靠性。目前，制约环状直流配电网可行性的关键技术主要为直流断路器的实用化。

为了保障直流配电网的可靠性，在两端直流配电网中通常会有一端的交流接口采用定电压控制，其余交流接口采用定功率控制。直流配电网正常运行时，由于不需考虑无功功率因素，并且整个直流配电系统的电压完全由定电压控制端和负荷决定，从而避免了直流电压差引起的功率环流，常见的两端直流配电网拓扑结构如图6-4所示。

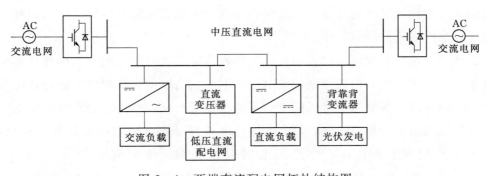

图 6-4 两端直流配电网拓扑结构图

交流电网、清洁能源电站、储能设备、交直流工业负载等各类电源与负载，根据自身要求经不同类型的适配器接入不同电压等级的直流配电网。与多端直流输电技术相比，直流配电技术更关注直流入户的实现，涉及多级直流配电及供电可靠性、电能质量等问题，如中压直流配电网中的部分电能，需经直流变压器等直流降压装置送到低压直流配电网后再供用户使用，因此其拓扑结构与工程实现比多端直流输电复杂。

6.2.2　直流配电网的接地方式与电压等级

1. 直流配电网的接地方式

直流配电网分为单极型和双极性两种。单极型的低压直流配电系统是利用一条导线来连接，通常情况以大地或水作为返回回路，显示负极特性。但是在强的干扰情况下，如电阻率太高或者其他金属结构干扰等，需要用金属代替大地作为返回回路，并且使金属回路在低电压下运行。双极型的低压直流配电系统是用正负两条导线连接的，系统两端在直流侧接两个变换器，这两个变换器额定电压相同，同样两极运行可独立。需要注意的是，接地电流对附近的煤气或天然气管道可产生局部影响，由于管道可作为导体，从而有可能对金属造成腐蚀，因此用大地作为回路时需要考虑此类问题。

直流配电网不管采用单极（带回流线路）系统还是双极系统，都涉及其 VSC 直流侧的接地问题。若直流侧不接地，接地线的电位将在 VSC 的开关频率下不断振荡，从而引起直流配电网正负极电压的波动，因此直流侧多采用回流线路接地（单极系统）或分裂电容接地（双极系统）的方式。另外，交流侧连接变压器多采用 Yn0y 或 Ynd 接法，以避免构成零序回路。

2. 直流配电网的电压等级

直接建立直流配电网成本较高，如果将交流配电网改造为直流时，直流电缆容许电压为交流额定电压的峰值，因此可选择现有中压交流配电网额定电压的峰值作为中压直流配电网的额定电压。

在低压直流配电网中，过大的直流电压将造成严重的安全问题，因此将电压中点接地称为双极系统，以接入利用线电压供电的大功率负载及利用单极对地电压供电的小功率负载（每个极所接入的负荷不完全平衡）。已有文献选择 $\pm 200\text{V}$ 电压作为直流配电网电压，通过 Buck 斩波器和 Cuk 电路分别向空调和液晶显示屏供电。或者采用欧洲现有的 230V 交流配电网电压等级，使用截面积为 1.5mm^2 和 2.5mm^2 的交流导线，对 326V、230V、120V、48V 这 4 种可能的直流电压等级进行研究。结果表明，随着直流配电网电压的降低，电流、压降和电能损耗迅速增高，当电压下降到 48V 时，压降及电流均超出容许值。然而，直流配电网电压等级的具体选择方法至今尚没有定论，需要进一步的探索和验证。

6.2.3　直流配电网的运行控制

在直流配电网中，供电电源种类繁多，可控程度各不相同，同时直流配网还存在与大电网的并网运行、孤岛运行、并网孤岛过渡过程和黑启动过程等多种运行状态，从而要求实现直流配电网中的各供电电源的协调控制。多种电源协调控制主要是微电网级的控制，主要可以归结为直流母线电压的控制和电能质量的管理两大类。

1. 母线电压的控制

直流电网中，分布式电源和负载均通过变流器与直流母线并联。由于配电线缆上存在阻抗不一致问题，各节点电压存在差异，会使各并联电压源之间产生环流。为了抑制并联环流，并控制直流母线电压的稳定性，需要对各并联变流器进行均流控制。常见的并联均流控制方式有集中控制、主从控制和无主从控制三种。

（1）集中控制。集中控制是对整个并联系统施加一个集中的中央控制单元，各个并联单元根据集中的中央控制单元提供的信号来保证各自输出信号一致，这种控制方式最大的问题是一旦中央控制单元出现问题，整个系统将无法继续运行。

（2）主从控制。主从控制选择并联系统中的一个单元作为主控模块，其控制可靠性相比集中控制有所提高。

（3）无主从控制。各模块独立地检测和控制本模块在系统中的工作状态以实现模块间功率均分，可以分为有互联线和无互联线两种控制方式。其中：有互联线控制中，存在一条控制互联线用于传递各模块的输出电流、有功以及无功功率等信息；有互联线控制可以简化为并联的控制，但是互联线也容易引入干扰，导致可靠性降低，并且并联模块之间的位置也将受到限制。无互联线控制主要是指外特性下垂控制方法，主要利用本模块电流反馈信号或者直接输出串联电阻，改变模块单元的输出电阻，使外特性的斜率趋于一致，达到均流的目的。这种控制方法使得各模块完全隔离，因此可靠性较高，但是由于模块间无信息传递，也使得均流控制相对困难，动态效果较差。

2. 电能质量的管理

直流配电网运行时，可能出现分布式电源输出功率的波动、大功率负荷的瞬时接入或退出、并网与孤网的切换等瞬态变化过程，这些瞬态事件可能会引起直流母线电压的闪变或跌落，进而给系统中的敏感设备的正常运行带来不利，还很可能使控制系统误动作。目前，为了防止这类事件的发生，常采用超级电容、飞轮储能等快速充、放电装置对系统的电能质量进行管理。

另外，为了保证直流配电网中能量的供需平衡，还需要对系统中的分布式电源、储能单元及负载进行综合管理配置。若由于直流配电网系统内部的发电量远远大于负荷水平，此时需要将一些易于调节的分布式电源退出运行以保证能量供需平衡；若直流母线电压由于负荷连续增大等原因而持续下降，需要利用储能装置释放能量以缓解负荷需求对直流母线电压的影响，如果仍然不能满足要求，则需要将一些不重要的负荷进行分时切出。

6.3　直流配电技术的控制与保护设计

相比传统高压直流输电和多端直流输电，直流电网的运行方式更为灵活，并且直流潮流翻转迅速，多电力电子变流器使得潮流计算变得尤为复杂，其控制方式的多样化将使得原有潮流计算和控制不再完全适用。

直流配电技术的保护一直的近些年研究的重点。继电保护技术是直流配电系统发展的关键技术之一，目前尚处于起步阶段，亟须深入研究。作为直流配电保护系统的动作对象，直流断路器是直流配电系统安全运行的关键设备，直接影响直流配电的发展。由于直流电流不存在自然过零点，所以灭弧甚为困难，给直流断路器的研发带来巨大挑战。本节从直流电网的潮流控制、直流电网保护技术这两个方面进行介绍，分析直流配电网存在的关键问题。

6.3.1　直流配电网潮流控制

功率潮流问题是电力系统分析中最基本的问题，对直流配电网潮流分析与控制技术的研究是上述问题研究的重要基础。

6.3.1.1　直流配电网潮流计算

由于直流配电网大多依附于交流电网，所以其潮流分析计算不但需要考虑交流电网潮流模型、直流网络潮流模型，还需要考虑连接交流、直流电网的换流器潮流模型，在原有的交流系统潮流算法中进行适当的改进与补充则能应用于交直流潮流计算中。交直流潮流计算方法主要分为统一迭代法和交替迭代法。其中：统一迭代法收敛快，迭代次数少；交替迭代法将交流电网潮流和直流电网潮流分别迭代求解，易于扩展。

1. 统一迭代法

统一迭代法是以极坐标下的牛顿法为基础，将交流节点的状态变量与直流系统的状态变量和控制变量统一进行迭代求解，计算框图如图 6-5 所示。

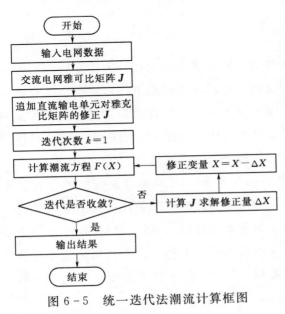

图 6-5　统一迭代法潮流计算框图

这种方法具有良好的收敛性，对于不同的网络结构和不同的直流系统控制方式的算例，都能可靠地求得收敛解。但是基于牛顿法的统一迭代法计算时增加了雅克比矩阵的阶数，并且每次迭代后需要重新计算雅克比矩阵，这样使得计算量增大。

2. 交替迭代法

交替迭代法是统一迭代法的一种简化形式。交替迭代法在迭代计算过程中，利用交直流电网的耦合关系将交流系统方程和直流系统方程分别进行求解，计算框图如图 6-6 所示。

在求解交流系统方程时，把直流系统当做接在交流节点上的有功功率和无功功率已知的负荷。在求解直流系统方程时，把交流系统模拟成一个加在换流器交流母线上的恒压源。交替迭代法计算速度快，直流部分及交流部分可以使用不同的算法，但是其对交直流系统初值给定要求高，收敛性较差，易造成潮流求解的振荡和不收敛。

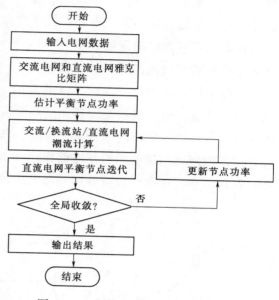

图 6-6 交替迭代法潮流计算框图

6.3.1.2 直流配电网潮流控制

直流配电网控制分为系统级控制与设备级控制，系统级控制主要依据潮流计算进行多变流器潮流协调控制调度，而设备级控制主要针对部分线路潮流进行调节。

1. 直流配电网潮流系统级控制

鉴于 VSC 具有较好的可控性，通过换流站的系统级控制能够在一定范围内实现直流配电网的潮流控制。利用换流站系统级控制潮流的方法主要有主从控制、电压下垂控制、分层级控制以及相关控制方式的组合。通过对功率电压 $P-V$ 曲线的下降斜率、阈值的设计来综合考虑系统的功率分配特性以及电压质量特性，该控制方式调节潮流分布的能力有限，灵活性较低。

2. 直流配电网潮流设备级控制

在多端的柔性直流输电网中，单纯的直流潮流的往往主要取决于导线的阻抗，这就导致了一些导线负载过高，另外一些则没有充分利用，且根据直流电网的 $N-1$ 原则，当直流线路数大于换流站数时，会发生部分线路潮流不可控的问题。

在这样的前提下，就需要一种主动的直流潮流调节器（DC power flow control-ler，DCPFC），将潮流进行经济性与灵活性地再分配。直流电网潮流控制主要有改变支路电阻和引入电压源两个基本的控制思想。基于这两种控制思想可设计出可变串联电阻器型、直流变压器型和串联电压源型 3 种直流潮流调节器。

可变串联电阻器型直流潮流调节器通过在支路中串联电阻实现控制功能，串联电阻与其并联开关构成各个环节，通过并联开关的通断决定电阻的接入与退出，对支路电阻进行调节，从而改变电流的大小，但不可改变电流的方向。这种控制的结构简单，控制成本较低，但由于直流电流不存在过零点，所以在投切电阻时，传统断路器分断电流时容易产生电火花，器件寿命与损耗均难以达到要求。这些困难制约了这种无源控制方法的发展。

直流变压器型直流潮流调节器如图 6-7 所示，通过全桥直流变压器升压或降压调整支路电压，达到调节支路潮流的目的。常见的全桥直流变压器的基本结构，它包括高频逆变环节、高频变压器和高频整流环节。全桥直流变压器开环控制，易于实现软开关，输入输出近似成正比关系。其在连接不同电压等级的直流配电网以及对直流配电网支路潮流的控制方面作用突出。但其在保证了设备的灵活连接的同时，也存在功率损耗大、投资费用高和系统可靠性低等缺点。

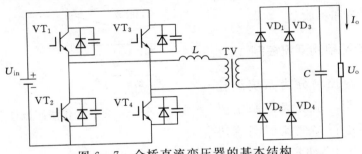

图 6-7 全桥直流变压器的基本结构

串联电压源型 DCPFC，如图 6-8 所示，直接在控制支路中串联一个可调节的电压源，所需电压源的幅值和连接极性由潮流控制需求决定。由于这种变换器是串联在电路中，所以其功率器件相对电压远比对地电压要小，其在控制灵活性、功率额定值以及损耗等方面都占有优势。

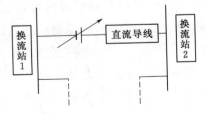

图 6-8 串联电压源型 DCPFC

6.3.1.3 改进型线间直流潮流控制器

1. 拓扑结构

遵循在不同线路间利用电容实现能量转换的思路，设计一种新型潮流控制器拓扑结构，如图 6-9 所示。由 8 个 IGBT 和 1 个电容组成。与传统的潮流控制设备相比，结构更为简单，节省了电力电子器件的投入数量，耐压要求更低。同时，该拓扑结构可以使用目前比较成熟的商业化全桥子模块形式，使其工程实现更为容易。通过两个以上模块级联，也容易构成冗余设计，可以有效提高系统可靠性。

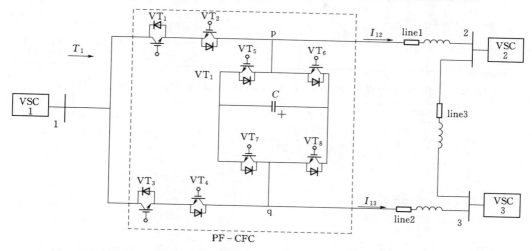

图 6-9　改进型线间直流潮流控制器电路原理及在三端环网中安装示意图

2. 工作原理

拓扑结构可以分为 AB 两个部分，其中 $VT_1 - VT_4$ 组成 A 部分，控制节点 1 到节点 p 或者节点 q 的电流通断。$VT_5 - VT_8$ 与电容 C 构成一个全桥子模块结构，根据全桥模块的特点，通过 $VT_5 - VT_8$ 的控制，能够改变电容 C 的正负极与节点 p 和节点 q 的连接状态，并控制节点 p 与节点 q 之间的电流流过电容 C 的方向。当 $I_1 > 0$ 时，对应的改进型线间直流潮流控制器的开关状态表，以及对支路电流 I_{12}，I_{13} 的控制效果见表 6-1，总计 4 种工作状态。当 $I_1 < 0$ 时，见表 6-2，总计 4 种工作状态。

表 6-1　　　　　　$I_1 > 0$ 时潮流控制器开关状态表

状态	VT_1	VT_2	VT_3	VT_4	VT_5	VT_6	VT_7	VT_8	I_{13}	I_{12}	电容充放电状态
1	1	0	0	0	0	1	1	0	↓	↑	充电
2	0	0	1	0	0	1	1	0	↓	↑	放电
3	1	0	0	0	1	0	0	1	↑	↓	放电
4	0	0	1	0	1	0	0	1	↑	↓	充电

注：1. "0" 表示断开，"1" 表示闭合。

　　2. "↓" 表示减小，"↑" 表示增大。

表 6-2　　　　　　$I_1 < 0$ 时潮流控制器开关状态表

状态	VT$_1$	VT$_2$	VT$_3$	VT$_4$	VT$_5$	VT$_6$	VT$_7$	VT$_8$	I_{13}	I_{12}	电容充放电状态
5	0	0	0	1	0	1	1	0	↓	↑	充电
6	0	1	0	0	0	1	1	0	↓	↑	放电
7	0	0	0	1	1	0	0	1	↑	↓	放电
8	0	1	0	0	1	0	0	1	↑	↓	充电

以状态 1、状态 2 为例，对应开关状态的电流流向示意图如图 6-10 所示。

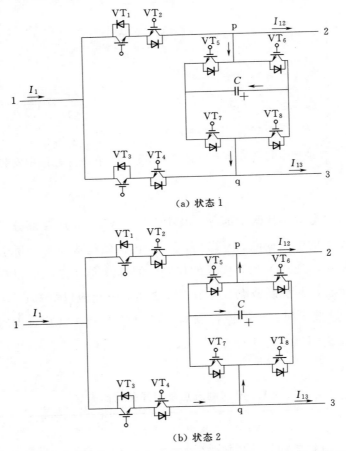

图 6-10　改进型线间直流潮流控制器电流流通路径示意图

3. 控制策略

基于改进型线间直流潮流控制器设计一种易于工程实现的基于 PI 调节器与 PWM 调制策略的控制策略。如图 6-9 所示，假设三站中直流换流站 3（VSC3）为定电压站，控制整个直流环网的基准电压。换流站 2（VSC2）和换流站 1（VSC1）

为定功率站，即当直流侧电压一定时，这两个换流站的电流紧随给定值。

当换流站 1 输出功率跟随给定值时，I_1 也完全受到换流站 1 的控制。当 I_1 一定时，通过潮流控制器控制 I_{12} 即可控制 I_1 在两条支路上的电流分配。即当需要增加 I_{12} 时，可以直接在支路 2 上叠加正电压增加 I_{12}，也可以通过在支路 3 中叠加负电压减小 I_{13} 的方式间接增大 I_{12}。当需要减小 I_{12} 时也同样可以采用上述直接和间接两种思路。

在 $I_1>0$ 时，如果此时 I_{12} 小于给定值，即此时需要增加 I_{12}，状态 1 与状态 2 可实现 I_{12} 的增加。其中状态 1 可以给电容充电，状态 2 可以给电容放电。这样的状态冗余在完成电流控制目标的同时，可以实现电容电压的控制。

通过对开关状态的分析可知，状态 1、状态 2、状态 5 和状态 6 都能够起到增加电流 I_{12} 的作用。通过对 4 种状态的分析，可以得出对电流起控制作用的主要为 $VT_5 - VT_8$ 的状态，即当 VT_6、VT_7 的开关状态为"1"，VT_5、VT_8 的开关状态为"0"时对电流 I_{12} 起增加作用。当 VT_6、VT_7 的开关状态为"0"，VT_5、VT_8 的开关状态为"1"时对电流 I_{12} 起减小作用。根据上述原理，可以设计基于 PI 控制器的 PWM 电流控制环节如图 6-11 所示。

在实现电流控制的同时，必须保证 PF - CFC 内部电容的电压稳定，以避免 IGBT 超过额定工作电压，延长器件使用寿命，提高设备可靠性。另外，电容电压的稳定也是电流控制精度的保证。

根据该拓扑结构特点，VT_1 与 VT_2 不能同时开通，VT_3 与 VT_4 也不能同时开通，否则容易导致电容正负极直接放电，瞬时大电流会损毁半导体器件，使整个设备崩溃。

根据表 6-1 与表 6-2 中的状态分析得知，当电流 I_1 为正时，仅用 VT_1 和 VT_3 轮流导通即可满足控制需求，当电流 I_1 为负时，仅用 VT_2 与 VT_4 轮流导通即可满足控制需求。本文根据电流 I_1 的方向设置了 $VT_1 - VT_4$ 的控制标志位，如图 6-12 所示。

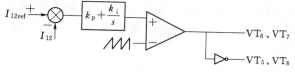

图 6-11　电流控制方法示意图

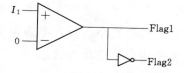

图 6-12　控制标志位产生示意图

两个标志与 $VT_1 - VT_4$ 的状态见表 6-3。

通过对表 6-1 的分析可知，当 VT_6 与 VT_7 状态为"1"时，开通 VT_1 能够使电容充电，开通 VT_3 能使电容放电。而当 VT_6 与 VT_7 状态为"0"时则相反。

通过对表 6-2 的分析可知，当 VT_6 与 VT_7 状态为"1"时，开通 VT_2 能够使电容充电，开通 VT_4 能使电容放电。而当 VT_6 与 VT_7 状态为"0"时则相反。

表 6 - 3　　　　　　　　　　**标志位与 VT₁ - VT₄ 开关状态关系**

Flag1	Flag2	VT₁	VT₂	VT₃	VT₄
1	0	—	0	—	0
0	1	0	—	0	—

注："—"表示此时的状态取决于下述电容电压控制环节的控制信号。

根据上述分析，以及电容充放电规律，当电流 $I_1 > 0$ 时，电容电压的控制即 VT_1 与 VT_3 的控制信号生成方式如图 6 - 13 所示。

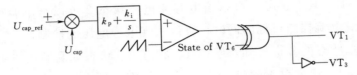

图 6 - 13　$I_1 > 0$ 时，VT_1 与 VT_3 控制方法示意图

对 $I_1 < 0$ 的情况，采用同样分析方法，整合两种情况，即可得到电容电压控制的整体控制原理图如图 6 - 14 所示。

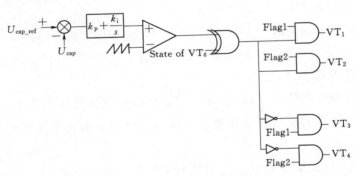

图 6 - 14　电容电压控制整体实现框图

基于电容线间能量交换的思想设计一种新型潮流控制器拓扑方案，并设计了相应的控制方法，能够实现双向潮流控制。该拓扑相对于目前已有潮流控制器设备，具有有功损耗小，投入电力电子器件数量少，无需承受系统级高电压，易冗余设计和便于构成子模块等优点。

6.3.2　直流配电网保护技术

直流配电网涉及多种电压等级，多种保护对象，不仅需要对保护进行详细分类，且需要分析故障特点与检测方法。

6.3.2.1　直流电网保护的对象

直流配电网中的保护系统针对各主要设备和故障类型，将系统分为交流侧保护、换流器保护、直流侧保护、负荷侧保护四个区域。根据区域的不同，保护措施也不同。

1. 交流侧保护

交流电源侧主要有单相接地短路、三相接地短路、断线等故障，同时还有由于操作、负荷变化引起的过电压、低电压、三相系统不平衡等不正常运行方式。当交流侧发生故障时，直接受到冲击的是相连接的变流器，传统型变流器多半是半控型电力电子器件，无法切断故障电流，长时间会烧坏变流器。柔性输电中的在全控性电力电子可以控制 IGBT 彻底关断，但是反向并联的二极管依然可以构成故障回路。所以需要交流侧的断路器等可以迅速动作，并配合相应的限流装置。

2. 换流器保护

直流配电网中的变换器主要包括 AC/AC 变换器、DC/AC 逆变器、DC/DC 变换器等。变换器是直流配电网的核心部件，也是保护设计关注的主要部分。变换器的故障主要包括有桥臂短路、电力电子元件短路、交流出口侧短路、直流出口侧短路、脉冲触发失效、散热系统故障。变换器的保护由装置自身的保护和系统提供的后备保护实现。

3. 直流侧保护

直流网络保护主要包括直流母线和直流馈线的保护，是直流配电系统的核心。根据实际应用需求不同，直流配电系统可以采用单极接地或者中性点接地，线路可以采用架空线或者直流线缆。直流馈线线路故障主要包括接地故障、极间故障及断线故障，另外还存在绝缘水平下降、低电压或者过电压等不正常运行方式。电缆线路故障一般为绝缘材料老化，受到水源、生物侵害等；架空线路则存在雷击、闪落等暂态性故障。

4. 负荷侧保护

直流配电系统同时存在直流负荷和通过逆变器接入光伏、小型燃气轮机等分布式电源。负荷引起的常见的故障有负荷短路、负荷过载等。储能电池接入直流电网时，应考虑故障的双向性及穿越性，防止储能装置因过电流引起爆炸。

6.3.2.2　直流故障的特点

直流配电系统中的环流装置包括三相两电平、三相三电平或模块化多电平结构，目前研究比较多的是三相两电平结构。传统的交流系统，保护措施比较完善和规范，但是直流配电系统与交流系统有很大不同，故障有其自身的特点，主要体现在以下四个方面。

1. 故障电流上升迅速

当直流系统发生接地故障时，VSC 直流侧并联电容为了维持母线电压快速放电，造成线路电流迅速上升，这对保护监测和隔离装置的速度提出了很高的要求。并且直流线路发生短路故障后，VSC 在自保护下锁定 IGBT，与 IGBT 反并联的二极管还串联在电路中，交流电源通过二极管持续向故障点提供电流直到交流侧保护动作。

2. 故障定位困难

直流配电系统线路直接连接负荷和分布式电源，但直流配电系统电缆线路长度短，精确故障定位比较困难，特别是系统经过高阻抗接地时，短路电流与负荷电流混在一起，难以定位。

3. 缺乏直流断路设备

与交流相比，直流电流没有过零点，也就导致了分断电流时会产生电弧，灭弧成本较高，且容量难以达到要求。

4. 多种电力电子装置的影响

近年来，随着电力电子器件的不断发展，柔性直流电网中使用了大量的换流器设施，有研究表明这些换流器之间存在着电气耦合与参数不匹配等因素，导致他们之间存在一定的负交互影响，并直接影响各装置的正常运行。

6.3.2.3　故障隔离装置

故障隔离装置的主要分类依据是动作时间，电流承受能力，成本等因素。

1. 熔断器

熔断器相当于过电流继电保护装置与开断装置合为一体的开关设备。熔断器基于热熔化原理，且通过电流产生的热效应而切断电流，非常适合需要快速响应且不需要自动重启动的直流用电装置。其价格优势明显；同时直流系统电感低，故障时电流变化率 $\mathrm{d}i/\mathrm{d}t$ 很高，特别适合用于直流系统。使用熔断器的时候一定要考虑其时间常数，小的时间常数能够使得保险丝快速熔断，同时吸收来自电弧的热量，但是对于短时过电流的承受能力较差，大时间常数的熔断器熔断较慢，当电弧最终形成时，不能很好地吸收其产生的热量。相对的，它对于短时过电流承受能力较强。因此在早期直流配电保护中，主要应用熔断器构成过电流保护，应用在牵引系统、直流电动机、半导体器件、通信开关站、不间断电源等场合。芬兰学者在提出的辐射状直流配电系统保护方案中，使用熔断器构成过电流保护。近年来，随着直流断路器的发展和保护新原理的提出，在直流配电中研究熔断器保护鲜有提及。

2. 快速隔离开关

隔离开关一般安装在每一条线路的两端，当线路故障需要维修时，打开隔离开关形成物理层面的隔离。通过控制交流断路器和换流器，配合使用隔离开关实现故障隔离并清除直流故障。这种方法虽然具有一定的经济性，但保护系统整体速动性差、供电可靠性低，可作为直流配电保护系统发展过程中的过渡设备。

3. 直流断路器

直流断路器是直流配电系统中的重要设备，对故障跳闸和保护系统中其他电力设备起着关键作用。根据拓扑结构和灭弧原理的不同，直流断路器大体可分为全固态断路器（full solid state CB）、带机械隔离开关的混合固态断路器（hybrid solid state CB with mechanical disconnector）、混合式断路器（hybrid mechanical and solid state CB）、机械式有源谐振断路器（mechanical active resonance CB）。整体来说，全固态断路器开断时间和能量吸收时间短，但是静态损耗很大；机械式有源谐振断路器静态损耗极小，但开断时间和能量吸收时间却很长，混合式断路器介于两者之间，拥有较小的静态损耗和较快的反应速度。

随着半导体器件的快速发展和成本的持续降低，固态直流断路器和混合式直流断路器在直流配电系统中可能会得到广泛应用。目前专家学者提出的直流配电系统保护配置方案大部分均基于直流断路器思路，因此，在直流配电系统中应用直流断路器是保护配置的重要发展趋势。

具有故障限流能力的电力电子换流器和各种限流装置的发展给直流配电系统的保护设计提供了新的思路，研发低成本、大容量的直流断路器或将限流装置与小容量断路器相配合是未来直流配电系统保护技术研究发展的两个重要方向。

6.4 柔性直流智能配电网的应用

以某个含交直流微电网的直流配电示范工程项目为典型案例介绍柔性直流智能配电网。该示范项目的控制系统设计，不仅可以满足交直流负荷和分布式电源的灵活接入，而且可以实现交直流微电网子系统之间，以及多个交流配电线路之间的功率联络与控制，实现对故障的快速切断与对重要负载的支持。

图 6-15 为国内已建设完成的某知名柔性直流配电系统结构图，该示范工程所在地区具有丰富的分布式发电资源和较为集中的敏感负荷用户。该示范工程采用双电源"手拉手"式网络拓扑，成本低可靠性高，采用单极对称的接线方式。其中，以 110kV 的 B 交流站和 110kV 的 D 交流站作为主电源，直流配电网接入单元可分为平衡单元和功率单元。储能电池作为平衡单元，被当成主电源以维持交流微电网

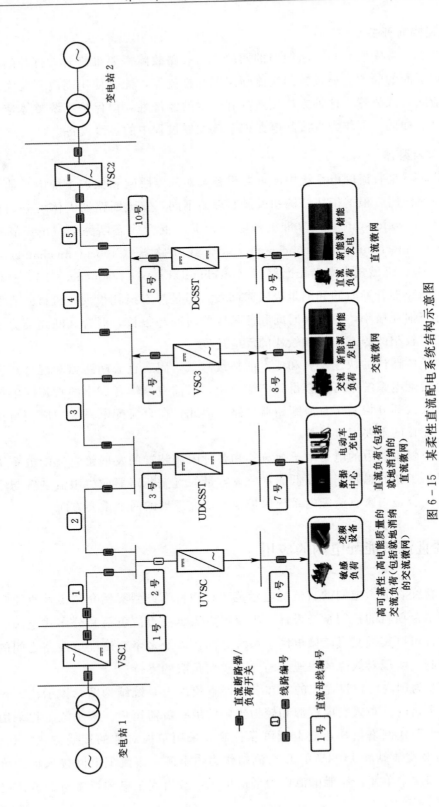

图 6 - 15　某柔性直流配电系统结构示意图

的母线电压和频率稳定，以及直流微电网的电压稳定，风力发电、光伏发电和工业敏感负荷被当成功率单元。

电力电子变换器是该直流配电示范工程的关键核心设备，各类高效高品质电力电子设备得到了有效的集成应用。其中，与交流系统连接的电压源换流器（VSC）采用模块化多电平换流器（modular multilevel converter，MMC），直流侧并联在±10kV 直流母线上，交流侧通过 10kV/110kV 变压器与 110kV 交流电网相连。交流微电网子系统母线电压 10kV，通过电压源换流器（VSC）接入直流配电网，备用电源、非车载充电机、储能电池和风力发电直接或者通过变流器并在交流微电网母线上。低压直流微电网通过直流变压器（UDSST）接入±10kV 直流母线，低压直流微电网电源负载由光伏、储能电池、非车载充电机和备用电源组成，其直流母线电压为 0.4kV。通过对电压源换流器（VSC）和直流变压器的协调控制，可以实现交直流混合微电网子系统和直流配电中心子系统之间的互联功率控制以及相互支撑。

采用图 6-16 所示的多模式运行控制架构，以实现直流配电系统的电压协调控制和整体运行控制目标。

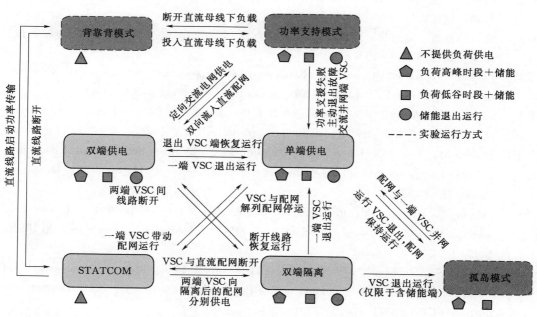

图 6-16　某柔性直流配电示范工程多模式运行架构

（1）各区域控制器具备独立运行能力。直流配电中心子系统、直流微电网子系统和交流微电网子系统分别有各自的集中控制系统，用于对各自系统内部的单元进行协调控制。考虑直流配电网的高供电质量需求和控制系统的可靠性，示范工程采用一端定直流电压控制，其他换流设备定功率控制的主从控制方案。对于具有更复杂拓扑结构的直流配电系统，考虑到系统的可扩展性和控制复杂性，可采用下垂控制方案；紧急情况下，各子系统均可工作在独立运行模式。

（2）各区域控制器具备协同运行能力。两端供电 VSC 可以在不同工况下实现功率支援、背靠背运行、单端运行、双端运行、双端隔离运行、孤岛、静止无功发生器等切换，以实现区域间的协调控制及多模式运行。每种模式需要各个换流器之间协调工作，通过一个集中控制器完成顶层设计和优化调度，与其他本地控制器进行实时通信和数据交互，从而实现区域之间的协调控制功能，保障系统经济运行、优化调度和模式切换等。

（3）潮流分级控制能力。为满足实际应用时的多个场景模式需求，功率潮流被分为不提供负荷供电、负荷高峰时段＋储能、负荷低谷时段＋储能、储能退出运行四个等级。

参 考 文 献

［1］　郑欢，江道灼，杜翼．交流配电网与直流配电网的经济性比较［J］．电网技术，2013，37（12）：3368－3374．

［2］　宋强，赵彪，刘文华，曾嵘．智能直流配电网研究综述［J］．中国电机工程学报，2013，33（25）：9－19＋5．

［3］　Zhongqing，Akagi. DC microgrid based distribution power generation system［C］// International Power Electronics & Motion Control Conference. IEEE，2004.

［4］　Sannino A，Postiglione G，Bollen M H J. Feasibility of a DC network for commercial facilities［C］// Industry Applications Conference. IEEE，2003.

［5］　Brenna M，Tironi E，Ubezio G. Proposal of a local DC distribution network with distributed energy resources［C］// International Conference on Harmonics & Quality of Power. IEEE，2004.

［6］　Magureanu R，Albu M，Priboianu M，et al. A DC distribution network with alternative sources［C］// Control & Automation，2007. MED '07. Mediterranean Conference on. IEEE，2007：1－4.

［7］　Bifaretti S，Zanchetta P，Watson A，et al. Advanced Power Electronic Conversion and Control System for Universal and Flexible Power Management［J］. IEEE Transactions on Smart Grid，2011，2（2）：231－243.

［8］　Lee J，Han B，Seo Y. Operational analysis of DC micro - grid using detailed model of distributed generation［J］. Transactions of the Korean Institute of Electrical Engineers，2010，58（11）：248－255.

［9］　Kramer S. Predictive Current Controlled 5 - kW Single - Phase Bidirectional Inverter With Wide Inductance Variation for DC - Microgrid Applications［J］. IEEE Transactions on Power Electronics，2011，25（12）：3076 – 3084.

[10] 吴卫民，何远彬，耿攀，等. 直流微网研究中的关键技术 [J]. 电工技术学报，2012，27（1）：98 – 106.

[11] 孙希盈. 直流配电网的优势及发展现状 [J]. 科技风，2016（21）：119 – 119.

[12] 王成山. 引领配电技术创新，建设世界一流现代配电网 [R]. 中国配电技术高峰论坛，2017.

[13] 何俊佳，袁召，赵文婷，等. 直流断路器技术发展综述 [J]. 南方电网技术，2015，9（2）：9 – 15.

[14] 江道灼，郑欢. 直流配电网研究现状与展望 [J]. 电力系统自动化，2012，36（08）：98 – 104.

[15] 杜翼，江道灼，尹瑞，郑欢，王玉芬. 直流配电网拓扑结构及控制策略 [J]. 电力自动化设备，2015，35（01）：139 – 145.

[16] 张越，李祥永，高媛. 低压直流配电技术的研究综述 [J]. 智能建筑电气技术，2017，11（2）：77 – 79.

[17] Salomonsson D, Sannino A. Low – voltage dc distribution system for commercial power systems with sensitive electronic loads [J]. IEEE Transactions on Power Delivery, 2007, 22（3）: 1620 – 1627.

[18] Kakigano H, Nomura M, Ise T. Loss evaluation of DC distribution for residential houses compared with AC system [C]// International Power Electronics Conference. 2010.

[19] Sannino A, Postiglione G, Bollen M H J. Feasibility of a DC network for commercial facilities [C]// Industry Applications Conference. IEEE, 2003.

[20] 和敬涵. 计及多种控制方式的直流电网潮流计算方法 [J]. 电网技术，2016，40（3）：712 – 718.

[21] 李国庆，边竞，王鹤，等. 直流电网潮流分析与控制研究综述 [J]. 高电压技术，2017，43（4）：1067 – 1078.

[22] 李国庆，龙超，孙银锋，等. 直流潮流控制器对直流电网的影响及其选址 [J]. 电网技术，2015，39（7）：1786 – 1792.

[23] 史清芳，徐习东，赵宇明. 电力电子设备对直流配电网可靠性影响 [J]. 电网技术，2016，40（3）：725 – 732.

[24] 霍群海，韩立博，韦统振，等. D – FACTS 装置交互影响分析及协调控制研究 [J]. 电工技术学报，2015，30（S1）：329 – 336.

[25] 薛士敏，陈超超，金毅，等. 直流配电系统保护技术研究综述 [J]. 中国电机工程学报，2014，34（19）：3114 – 3122.

[26] Xiaogang F, Zhihong Y, Changrong L, et al. Fault detection in DC distributed power systems based on impedance characteristics of modules [C]// 35th IAS Annual Meeting and World Conference on Industrial Applications of Electrical Energy. Rome, Italy：IEEE & Piscataway, 2000：2455 – 2462.

[27] Baran M E, Mahajan N R. Overcurrent protection on voltage – source – converter – based multiterminal DC distribution systems [J]. IEEE Transactions on Power Delivery, 2007, 22（1）：406 – 412.

[28]　Lianxiang T, Boon – Teck O. Locating and isolating DC faults in multi – terminal DC systems [J]. IEEE Transactions on Power Delivery, 2007, 22 (3): 1877 – 1884.

[29]　韩永霞, 何秋萍, 赵宇明, 等. 采用柔性直流技术的智能配电网接入交流电网方式 [J]. 电力系统自动化, 2016, 40 (13): 141 – 146.

[30]　叶李心. 适应于分布式电源接入的直流配电模拟实验系统研究 [D]. 杭州: 浙江大学, 2014.

[31]　王欣竹, 马秀达, 韩民晓. 直流配电网的优化运行控制策略研究 [J]. 电器与能效管理技术, 2017 (6): 1 – 8.

[32]　王成山, 李鹏. 分布式发电、微网与智能配电网的发展与挑战 [J]. 电力系统自动化, 2010, 34 (2): 10 – 14, 23.

[33]　陈曦. 模块化高压输出直流电源的研究 [D]. 南京: 南京航空航天大学, 2011.

[34]　陈超超, 薛士敏. 直流配电系统保护原理研究 [C]. 中国高等学校电力系统及其自动化专业第 30 届学术年会论文集, 2014, 1 – 4.

[35]　陈超超. 直流配电系统继电保护原理研究 [D]. 天津: 天津大学, 2014.

[36]　何荣凯. 直流潮流控制器研究 [D]. 北京: 中国科学院大学, 2017.